LE LIVRE DES CINQ ROUES

LE LIVRE DES CINQ ROUES

五輪書

GORIN-NO-SHO

INTERPRÉTATION MARTIALE
DU TRAITÉ DE STRATÉGIE DE
MIYAMOTO MUSASHI

STEPHEN F. KAUFMAN, HANSHI 10e DAN

Traduit de l'anglais par
Josette Nickels-Grolier

BUDO Éditions
77123 Noisy-sur-École, France

Directeur de collection : Thierry Plée — *texte* : Stephen F. Kaufman d'après Miyamoto Musashi— *illustrations* : Oscar Ratti, Tuttle — *traduction* : Josette Nickels-Grolier — *correction* : Valérie Melin — *conception* : Spirit of the Wind — *photogravure* : Editions de l'Eveil — *imprimerie et brochage* : Nouvelle Imprimerie Laballery.

1-2000-NIL-6/00

ISBN 2-908580-85-3

Sommaire

AVANT-PROPOS DE L'ÉDITEUR

Miyamoto Musashi est l'image par excellence de l'artiste martial japonais : escrimeur redoutable mais aussi paisible sage s'adonnant à la peinture, à la poésie, à la sculpture. Son écrit, le *Gorin-no-sho* ou *Livre des Cinq Roues*, occupe une place essentielle dans l'univers martial car il est l'un des rares écrits sur l'art martial guerrier ayant franchi les temps.

Jusqu'à la parution de ce livre il n'existait essentiellement que deux sources de traduction : celle de Masumi Shibata effectuée pour le compte de Judo Kodokan Magazine qui le publia sous forme d'extraits périodiques au début des années soixante-dix, et qui fut édité pour la première fois dans sa version complète par les éditions Maisonneuve et Larose (*Écrits sur les Cinq Roues, Gorin-no-sho*, 1985, épuisé) puis, finalement, repris en 1991 au format de poche par les éditions Albin Michel pour leur collection « Spiritualités vivantes » sous le titre du *Traité des Cinq Roues* ; et celle de Kenji Tokitsu qui fait partie de son magistral *Miyamoto Musashi, maître de sabre japonais du XVIIe siècle* (Éditions DèsIris, 1998), sous le titre *Écrits sur les Cinq Éléments,* traduction fort érudite qui réjouit les plus exigeants. Toutefois, ni l'une, trop littéraire, ni l'autre, trop érudite, n'étaient totalement satisfaisantes pour le pratiquant désirant aller à l'essentiel. C'est pour cette raison que nous avons décidé aux Éditions Budo d'éditer cette troisième version, écrite et traduite par des budokas pour des budokas. Le but de cette version du *Gorin-no-sho* n'est pas de remplacer les précédentes mais plutôt d'offrir une autre perspective, aussi nous invitons les lecteurs désireux d'approfondir le sujet à se reporter en priorité au livre de Kenji Tokitsu qui traite en profondeur de Miyamoto Musashi. Les amoureux de récits chevaleresques pourront par ailleurs se plonger dans *La Pierre et le Sabre*, récemment réédité par J'ai Lu, qui présente de manière romancée la vie du fameux escrimeur.

Je souhaite que ce petit livre vous ouvre à une vision différente de la Voie, non pas que la vôtre puisse être fausse, mais vivre ou comprendre, n'est-ce pas aller toujours vers davantage d'universalité ?

Thierry Plée,
Éditeur

Préface

Musashi est bien connu des budokas. Il est considéré au Japon comme le *Kensei*, le maître de sabre par excellence. Bien que son enseignement soit essentiellement centré sur l'art du sabre, il apporte matière à réflexion à tous les pratiquants d'arts martiaux, qu'il s'agisse de karaté, de judo, d'escrime occidentale ou de toutes autres formes de combat à la seule condition qu'ils soient prêts à accepter l'idée que la finalité réelle du combat est de donner la mort.

Dans *Le Livre des Cinq Roues*, Miyamoto Musashi nous fait partager son analyse de l'art de la stratégie en s'appuyant sur sa connaissance du combat au sabre. Que vous soyez pratiquant d'art martial ou non, si vous souhaitez appliquer ses enseignements dans un autre domaine, ce traité, héritage de Musashi, saura vous révéler tout au long de ses pages de profondes vérités.

Quarante années de pratique du karaté et dix années d'études du « *Gorin-no-sho* » m'ont amené à proposer ma propre interprétation des enseignements de Musashi aux budokas qui désireraient approcher la vérité de la Voie.

La vie et la mort au combat sont les thèmes centraux de ce traité. Il serait donc préférable qu'il ne tombe qu'entre des mains averties. Je ne me fais pas l'avocat de la mort à tout prix.

Il faut garder à l'esprit que les pensées de Musashi sont le reflet d'une époque où combattre pour la vie était un art de vivre. Cette interprétation des enseignements de Musashi a pour objet d'expliquer les principes et la philosophie qui guidaient la vie d'un guerrier dans l'ancien Japon.

À PROPOS DE LA TRADUCTION

Nos contemporains ont tendance à interpréter *Le Livre des Cinq Roues* en termes de stratégie des affaires. Or il existe une différence majeure entre l'éventualité de ne pas obtenir la signature d'un contrat et le risque de se faire couper la tête. La gestion financière est du domaine du mental. La guerre participe du mental et du physique. Le guerrier véritable est parfaitement conscient de cette différence malgré l'intoxication intellectuelle qui fait du « monde des affaires un monde sans merci ».

Ce livre s'adresse aux « budokas », nullement aux artistes martiaux. Le concept d'art peut être source de confusion et amener à l'incompréhension de la démarche du guerrier. L'artiste établit une relation subjective entre la forme et la fonction. Le guerrier n'est pas dans l'imaginaire. Pourtant paradoxalement, le guerrier qui ne laisse rien paraître lorsqu'il tue sans la moindre hésitation est dans la pulsion. La réalité n'appelle ni subjectivité, ni objectivité.

L'assimilation complète de la technique est indispensable à la compréhension du but. Lorsqu'une technique particulière est comprise, le guerrier cesse d'en user à un niveau conscient et sort des limites qu'impose une identité consciente et entre alors dans la Voie. Savoir faire et effectivement le faire sont deux choses totalement différentes.

Le samouraï, bien qu'il en reconnaisse l'utilité, méprisait la classe des marchands, ces hommes d'affaires froids et déterminés qui ne peuvent pas comprendre la voie du guerrier. En effet, prendre une vie n'a rien de commun avec faire de l'argent.

Traduire l'ouvrage de Musashi ne peut se réduire à un exercice intellectuel vain visant à passer d'une langue à une autre. Il faut parvenir à rendre l'esprit qui préside à l'étude des confrontations entre la vie et la mort, véritable objet de ce livre. J'ai conçu le présent ouvrage dans le souci de dissiper les malentendus qui pourraient conduire les occidentaux à se méprendre sur le véritable objectif du *Gorin-no-sho*. Il explique en détail, avec l'apport de définitions nouvelles, les concepts indispensables à la compréhension des enseignements de Musashi. Il s'efforce de proposer une explication globale.

Avec un respect profond et en hommage au Maître, j'assume toute la responsabilité de l'interprétation des différents concepts proposés ici.

Stephen F. Kaufman,
Hanshi 10e dan

INTRODUCTION

Mon nom est Miyamoto Musashi. J'ai tué plus de soixante hommes au combat ou en duel. Quand à l'âge de soixante ans, je réfléchis sur ma vie, un éclair de lucidité me fit percevoir que toutes mes victoires n'avaient été que le fait de la chance associée à des qualités innées, ou n'étaient, plus simplement, que la démonstration des limites des méthodes développées dans les autres écoles.

Lorsque j'atteignis le stade ultime de mes capacités et de mes compétences, la réalité de ce que j'avais accompli m'ouvrit à un principe supérieur qui ne me laissa d'autre choix que de quitter le commerce des hommes, de rechercher un endroit isolé où je pourrais dissocier mon âme de mon corps en quête de ce que je semblais déjà savoir instinctivement. Je ne cessai de pratiquer et de méditer jusqu'à ce que je parvienne à comprendre les fondements de l'esprit.

Je suis considéré comme le plus grand maître de sabre que le Japon ait connu. C'est au cours des combats et des duels que je développais mon propre style de combat à deux sabres. Tout en dédiant chaque instant de ma vie au sabre, je me consacrais également à l'apprentissage de la peinture, de la sculpture et de la poésie. Instinctivement, je savais qu'il m'était nécessaire d'appréhender ces différents arts et de les maîtriser. Mais ma principale préoccupation demeurait l'art du sabre. Je n'étais pas particulièrement religieux, bien que je sois familiarisé avec le bouddhisme, le shintoïsme et le confucianisme et que j'en connaisse les diverses croyances.

Ce qui changera avec le temps dans mon enseignement, nul ne peut le dire. Cependant, il demeure pour le budoka des attitudes spécifiques au guerrier qui peuvent lui être d'une grande utilité. Ces attitudes sont simples et absolues.

J'ai conscience de donner l'impression de me répéter constamment. Quand c'est effectivement le cas, ce n'est que pour donner plus de force à mes enseignements. De la répétition naîtra la compréhension de ma voie de la stratégie. Je ne vous laisserai pas grappiller mes idées au hasard.

Le Livre des Cinq Roues comprend cinq chapitres portant le nom des cinq éléments : la Terre, l'Eau, le Feu, le Vent et le Ciel. La Terre pose les fondements de l'ensemble du livre. L'Eau explique les attitudes qui guident le guerrier sur la voie de la stratégie. Le Feu enseigne le combat reposant sur les principes de la Terre et de l'Eau. Le Vent souligne ce qui différencie le style de mon école du style des autres écoles. Le Ciel décrit la « voie » de la nature, en ce qu'elle est la seule et véritable manière d'être.

Je n'ai pas placé mes pas dans les pas des autres hommes. J'ai vécu sans les conseils et les encouragements d'un professeur et je suis devenu mon propre maître, en faisant mes propres choix. Je suis maintenant maître de sabre et de calligraphie et ne marque aucune préférence pour l'un ou l'autre de ces « arts ».

Il faut bien comprendre que sans professeur pour le guider, de nombreuses routes s'ouvrent au pratiquant, certaines le conduisent sur le bon chemin, d'autres l'égarent au hasard des carrefours. Il n'est pas donné à tout le monde de vivre sans guide — seuls quelques êtres d'exception empruntent la voie de la sagesse sans le concours d'un professeur. Il leur faut une passion, une patience et une autodiscipline extraordinaires pour atteindre seuls le but ultime. Les finalités doivent être comprises, considérées comme absolues et aucun écart ne peut être accepté ni autorisé pour connaître l'illumination dans la sphère de l'art que vous avez choisi. C'est une route très difficile à suivre et peu de personnes sont à même de le faire. Cela peut se révéler frustrant, apporter confusion et solitude et être effrayant lorsque vous réalisez que vous perdez le sens commun qui permet d'affronter les événements de la vie quotidienne. De plus, rien ne garantit qu'un jour le pratiquant atteigne la perfection. Tout doit venir du plus profond de l'être et il faut donc se détacher des idées préconçues.

Ainsi s'ouvre la voie de la stratégie…

地

Le Livre de la Terre

Aucun homme n'est invincible, et surtout aucun homme ne peut réellement comprendre les raisons de son invincibilité. L'éventualité d'un échec demeure, malgré toute l'énergie déployée pour s'entraîner. S'il est possible à l'homme de devenir expert dans une forme technique particulière, la maîtrise proprement dite est un idéal jamais atteint. Il est peu vraisemblable qu'il puisse comprendre « véritablement » ce qu'est la voie de la stratégie et encore plus douteux qu'il la vive pleinement. Cependant, les chefs militaires doivent se sentir pénétrés de stratégie s'ils veulent commander aux soldats, et ceci malgré les limites de leur propre compréhension.

La voie du salut n'est pas unique et ne dépend pas des choix humains. Tous ses aspects et toutes ses formes sont gouvernés par l'intelligence éternelle de l'univers qui permet parfois à l'homme d'approcher la perfection. Le salut peut se rencontrer dans les arts comme la musique et la peinture, ou encore dans le commerce, le droit ou la médecine. Le salut peut se trouver dans la recherche de la guerre ou dans la quête de la paix. Chaque forme revêt la même importance. L'illumination spirituelle, ultime étape de la méditation zen, est aussi viable et fonctionnelle que l'illumination atteinte dans d'autres pratiques ou d'autres « voies », telles que la « voie » du sabre ou la « voie » du poing.

Un guerrier doit appréhender les arts de la paix au même titre que les arts de la guerre. La voie est duelle. Si l'homme choisit une voie, et semble n'avoir aucun talent particulier pour cette voie, il peut néanmoins devenir un maître s'il en décide ainsi. En s'attachant à une forme plutôt qu'à une autre, l'homme peut atteindre la perfection dans cette vie ou la prochaine (si l'on croit à la réincarnation). Le guerrier comprend, néanmoins, que le résultat ultime de l'étude est une forme de mort (sublime mais pas nécessairement physique) précédant le stade de la perfection. Des hommes très différents sont connus pour être morts pour la bonne comme pour la mauvaise cause. Ce qui peut sembler dommage lorsque la mort survient de façon inappropriée, c'est le fait de quitter la vie stupidement et sans raison. Mourir en guerrier implique une mort au combat, après avoir croisé le fer et avoir gagné ou perdu, sans considération pour le fait de gagner ou de perdre. Dans sa détermination, l'homme ne dispose simplement pas assez de temps ni de force pour qu'il en soit autrement.

Dans l'accomplissement martial, le guerrier sait que la seule vraie mesure de ses compétences réside dans sa capacité à battre ses adversaires au combat, quelle qu'en soit la nature. Un échec dans d'autres domaines ne peut entraîner une véritable mise en cause du courage d'un guerrier. La vertu propre à la stratégie est de nous permettre de surmonter tous les aléas de la vie quotidienne et de nous aider à approcher au plus près de l'état qui nous conduira à ne faire qu'un avec le pouvoir suprême avant de nous engager dans la bataille. Pour un guerrier, la prise de conscience est un processus lent et progressif. Chaque nouvelle expérience induit de nouveaux défis.

La « voie » ne peut être apprise dans la frivolité, lors de duels pour le renom d'une école ou pour l'acquisition d'un trophée ostentatoire. Elle ne sera comprise qu'au travers de l'imminence de la mort physique.

LA VOIE DE LA STRATÉGIE

La voie suit une méthodologie spécifique et prédéterminée. L'étude des maîtres anciens doit être constante et sans répit, même lorsque le pratiquant pense avoir acquis la connaissance.

Il est important de réaliser que la technique n'est pas la finalité d'un art. Ceux qui excellent dans la technique, sans conscience de l'art qu'ils pratiquent, ne sont pas toujours capables de transmettre le véritable sens de leur art. Les débutants, qui ne le savent pas, pensent que leur professeur les conduit au seuil de la connaissance. Ils ne sont pas à blâmer car ils font confiance à ceux qui enseignent sans connaître les mondes intérieurs et extérieurs de l'art dont ils se disent les maîtres. Ces derniers offrent l'apparence de la compréhension, ce qui permet à leur autosatisfaction de les convaincre qu'ils sont les détenteurs de la vérité. Ce n'est qu'à travers une quête intérieure permanente, trouvant ses fondements dans le mode de vie même, que la connaissance viendra. C'est une conscience totalement personnelle. La commercialisation n'apporte absolument rien à la réalité de la vérité, mais peut aider certains à aborder le chemin.

Un homme ne peut comprendre les perfections et les imperfections de l'art qu'il s'est choisi s'il ne peut voir ce qu'apportent les autres arts. En suivant les règles imposées, il est possible d'atteindre un certain niveau technique ; mais pour aller plus loin le pratiquant et l'artiste doivent étudier et rechercher d'autres connaissances. Il est important de s'attacher à l'apprentissage d'autres arts en même temps que de l'art de la stratégie. Qui peut prétendre ne pas en avoir appris plus sur lui-même en observant l'activité des autres ? Pour étudier l'art du sabre, apprenez à jouer de la guitare. Pour apprendre l'art des poings, étudiez le commerce. En ne vous consacrant qu'au sabre vous deviendrez étroit d'esprit, sans ouverture sur le monde qui vous entoure.

Tout est à vendre, même l'âme de l'homme. Un homme ne peut comprendre l'art qu'il étudie s'il ne poursuit que le résultat sans prendre le temps de fouiller au plus profond du raisonnement qui préside à son étude. Il est vain de chercher à savoir qui est meilleur que l'autre. Si une chose est une, tout est le tout.

Il ne faut pas confondre profit et rentabilité. Il est injuste pour les élèves de se vendre au profit de ce que symbolise leur école et c'est, de plus, anormal, car cela trompe tous ceux qui ne savent pas en leur laissant croire que l'habileté se fonde sur la superficialité. De plus cela n'est pas bon pour le karma et vous hantera à jamais. Vous ne pouvez pas tromper « l'esprit de la chose même ». C'est une sagesse beaucoup plus grande qu'il est donné à l'homme d'appréhender.

Dans notre société il existe quatre classes. Chaque classe a une fonction spécifique et chacune peut atteindre un niveau de perfection en accord avec ses moyens. Selon leur importance pour la société, ces classes sont rangées dans l'ordre suivant : en premier viennent les samouraïs, ensuite les fermiers, puis les artisans et enfin les marchands. Les classes sont intégrées dans une hiérarchie définie une fois pour toute. Les samouraïs sont des guerriers et vivent un « idéal supérieur ». L'étude des armes est leur principale préoccupation. Les fermiers viennent ensuite car ils procurent la nourriture indispensable au reste de la société. Les artisans sont des artistes qui fabriquent armes et objets utiles. Les marchands appartiennent à une classe inférieure qui ne produit rien si ce n'est des profits qu'ils tirent du travail des autres. Cependant, il faut bien comprendre que chaque classe participe à l'équilibre structurel de la société en y jouant un rôle viable car fonctionnel. Et pourtant, la classe des samouraïs, par exemple, méprise la classe des marchands bien qu'ayant parfaitement conscience de leur utilité dans le processus économique. Il est en effet indispensable de faire de l'argent pour payer une armée.

COMPARAISON ENTRE LA VOIE DE L'ARTISAN ET LA STRATÉGIE DU GUERRIER

Il est important de comprendre la finalité d'un « art ». Lorsque celle-ci est perçue, il devient plus facile de s'attacher à « l'esprit » qui l'anime. Pour étudier l'art du charpentier, il faut apprendre à différencier les matériaux et c'est en cela qu'il est possible de comparer la voie du guerrier avec celle de l'artisan. L'étude du sabre exige de connaître la guerre, les armes et les hommes. Le charpentier doit étudier le projet, choisir les outils et les hommes. Le succès ou l'échec naîtra de votre attitude face à « l'esprit de la chose ». Dans votre étude, rien ne peut être laissé au hasard, même lorsque vous êtes arrivé à un certain niveau de maîtrise. Il vous faut chercher en permanence pour améliorer encore et encore votre compréhension de l'art que vous avez choisi.

S'il n'y a pas de discipline, comment peut-il y avoir véritablement réalisation d'un idéal ? Comment un homme peut-il garder son crédit dans une société s'il ne comprend pas ce que la société attend de lui ? Pour agir en harmonie avec votre environnement, vous devez comprendre la nécessité de certaines règles. Si ce n'est pas le cas, vous ne pourrez pas contrôler les autres. Si vous ne pouvez pas contrôler les autres, comment pouvez-vous vous croire capable d'atteindre la perfection dans ce qui est votre idéal ?

Il est indispensable au maître du jeu d'en connaître les règles ; les règles qui fonctionnent, celles qui ne fonctionnent pas, les règles qui peuvent être modifiées pour atteindre un but particulier, les règles, qui une fois modifiées, risquent de soulever de nouveaux problèmes, et celles qui ne changeront pas la donne.

Les artisans sont familiarisés avec la qualité des matériaux qu'ils utilisent pour travailler. Un homme ne doit pas présumer de la force d'un adversaire au simple aspect de son uniforme ou au choix de ses armes. Beaucoup de guerriers ont longtemps compté sur « l'apparence » de leur armure pour intimider l'ennemi. Il ne faut pas se laisser abuser en pensant que ce qui paraît être une belle pièce d'artisanat pourra tenir à l'usage. En vérité, la force du guerrier se cache au fond de lui, au plus profond de son cœur, de son esprit et de son âme. Il en est de même des armes. Une arme d'excellente facture est incapable d'agir de son propre chef — elle doit être manipulée. De même l'excellence de la facture dépend uniquement des compétences de l'artisan. L'artisan doit connaître les qualités et les faiblesses des matériaux qu'il utilise. Un marchand, par contre, ne fait reposer son art que sur la capacité qu'il a de manipuler les autres pour leur faire admettre que le produit qu'il vend est le meilleur. Telle est la voie du marchand. Le fermier, quant à lui, sait lorsque ses produits sont bons ou lorsqu'ils sont de qualité médiocre. Telle est la voie du fermier. Le guerrier sait au fond de son cœur quand il engage une action correcte ou quand il fait preuve de fausse bravoure. Tous les hommes sont identiques, leur différence réside dans la confiance qu'ils placent en eux-mêmes, nonobstant ce que les autres peuvent penser d'eux. Sur un chantier, le contremaître doit assigner à ses hommes les tâches qui correspondent à leur savoir-faire. Qui est susceptible de réaliser tel aspect spécifique du projet ? Qui peut préparer les sols ? Qui peut poser des tuiles sur le toit ? Qui peut s'occuper des canalisations ? N'en est-il pas de même pour le guerrier ? Lorsqu'il commande, le guerrier doit connaître ses propres limites avant de pouvoir comprendre les difficultés qu'il y a à commander. Comment faire exécuter aux autres ses propres ordres, et plus particulièrement lorsqu'il ne s'agit que d'enseignement ? Ce n'est qu'après avoir observé chaque soldat que le commandant saura lequel est à même de réaliser une action spécifique. Si ce n'est pas le cas, naîtra le chaos.

Lorsqu'il supervise ses hommes, l'artisan circule parmi eux pour apprécier leurs compétences ou leurs insuffisances. Il doit les féliciter lorsqu'ils méritent des félicitations et les sermonner lorsqu'ils ne donnent pas satisfaction en exécutant le travail qui leur a été confié. Mais il doit être équitable, aussi bien en matière de félicitations que de sermons, s'il ne veut pas courir le risque de les démoraliser et de voir le travail bâclé. De même, un commandant doit passer parmi ses hommes, s'il attend d'eux un certain niveau d'investissement. S'il n'a pas conscience des qualités de chaque soldat, comment peut-il savoir à qui confier certaines opérations ? De la même façon, le commandant doit savoir féliciter ses hommes ou les sermonner. C'est une des vertus de la stratégie. Que penserait-on d'un commandant qui choisirait un fantassin pour rejoindre la ligne des archers ?

Même en y mettant la meilleure volonté, le fantassin, sans expérience en matière de tir à l'arc, verrait ses efforts récompensés par un résultat des plus médiocres.

QU'EST CE QUE LA VOIE DE LA STRATÉGIE

Un guerrier est responsable de ses armes comme l'artisan est responsable de ses outils. Il est tout simplement impensable de pouvoir réaliser du bel ouvrage s'il n'existe pas en lui un respect indéfectible pour ses outils ou ses armes. Ils doivent tous deux consacrer leur temps à s'entraîner, à pratiquer et à entretenir leurs outils et leurs armes, quel que soit leur niveau d'expertise. Ils doivent examiner encore et encore chaque aspect de leur art, sans compter leur temps et leur énergie, physique ou mentale. « L'esprit de la chose » est ce qui doit guider l'homme pour qu'il se surpasse. Il n'existe aucune voie qui, lorsqu'elle est empruntée ou recherchée, autorise une gratification immédiate. L'univers ne fonctionne pas ainsi. Comment le pourrait-il alors qu'il attend la perfection ? Si vous laissez l'esprit envahir votre être, l'esprit vous pénétrera en faisant de vous son instrument. Lorsque le guerrier devient plus habile et qu'il maîtrise les armes qu'il a choisies, lorsqu'il en prend soin, conscient qu'elles ne font qu'un avec lui au combat pour défaire l'ennemi, il connaît l'assurance du guerrier. Il peut alors assumer le commandement. De la même façon, l'artisan doit comprendre l'esprit de ses outils. Il doit en prendre soin comme de lui-même. Alors seulement, il pourra ne plus faire qu'un avec eux et sera capable de se projeter dans l'ouvrage en son état d'achèvement. C'est ce qui est sous-entendu lorsque l'on dit que le sabre est l'âme du samouraï.

Un guerrier doit connaître toutes les armes d'usage dans son état. Il devrait appréhender la fonction de chaque arme et la fonction de chaque corps d'armée. Un lancier devrait comprendre le sabre, un pratiquant de kenpo devrait comprendre les techniques de jiu-jitsu, et un docteur devrait comprendre la charpenterie. Comment, sinon, pourrait-il faire face à l'impondérable, s'il ne sait pas comment fonctionnent les armes de ses ennemis ? Il est même fortement conseillé au guerrier de se familiariser avec le maniement précis des autres armes. Ainsi, une attaque imprévue ne le surprendra pas, même s'il n'a jamais rencontré la technique auparavant. Une étude permanente de tous les aspects de l'état de guerrier est indispensable pour mieux apprécier la valeur de ses propres compétences. C'est ce que les anciens sous-entendaient lorsqu'ils parlaient de réfléchir intensément aux choses. C'est une autre manière de progresser dans son art. Par exemple, quelle serait votre réaction si vous étiez totalement investi dans l'étude d'un aspect de l'art du guerrier et que vous découvriez que vous prenez beaucoup plus de plaisir à travailler avec une autre arme ? Réfléchissez au bien fondé de cette pensée.

Ne commettez pas l'erreur de croire qu'il suffit d'achever une partie du travail sans avoir projeté de le continuer pour l'amener à terme. Si vous avez l'intention de fabriquer un bureau, vous devez prévoir les tiroirs, les poignées, etc. Si ce n'est pas le cas, le travail terminé pourra offrir un aspect esthétiquement agréable, mais sera en dysharmonie avec l'univers. Les maîtres tiennent compte de l'imprévu même lorsqu'ils semblent improviser. L'évocation d'une idée, de manière apparemment impromptue, ne sera recevable que si elle a été précédée d'étude et de recherche. C'est ce qui permet au professeur de délivrer son information de manière appropriée. Un maître arrive au terme de la voie en se dévouant à l'art, alors que l'art, lui, révèle sa véritable identité au guerrier si, et seulement si, « l'esprit de la chose même » se sent suffisamment en adéquation avec le guerrier pour qu'il devienne le vecteur de sa propre expression.

Si vous souhaitez appréhender ma voie de la stratégie, il vous faudra vous consacrer pleinement à l'étude et à la recherche. Se consacrer pleinement à la recherche signifie se dévouer totalement à l'étude des concepts — à un niveau tel que vous aurez le sentiment d'avoir accompli ce que vous aviez à accomplir. De votre niveau d'investissement découlera ce qui vous sera révélé de la voie. J'ai su ce que j'allais faire à l'instant où j'ai commencé ce livre, et mon dévouement inébranlable a décidé « l'esprit de la chose même » à en façonner le résultat.

CE QUE SIGNIFIENT LES CINQ PARTIES DU LIVRE DE LA STRATÉGIE

Ce livre est appelé *Livre des Cinq Roues*. Le bouddhisme nous enseigne que l'univers est composé de cinq éléments : la Terre, l'Eau, le Feu, le Vent et le Ciel.

Dans le *Livre de la Terre*, j'explique la voie de la stratégie telle qu'elle est enseignée dans mon école. J'y expose les raisons de ces écrits et leur organisation. Vous ne devez pas dépendre uniquement de la perception de votre art, en vous limitant à l'étude de l'art que vous avez choisi. Il est difficile de comprendre l'univers si vous n'étudiez qu'une planète. Il faut être conscient de tous les arts, en se familiarisant avec beaucoup d'entre eux, car ils font partie intégrante de votre dévotion à l'un d'entre eux. Il faut s'efforcer à tout connaître. Bien que vous ne puissiez jamais y parvenir, vous prendrez pleinement conscience du monde environnant, ce qui constitue un aspect essentiel de la stratégie si vous choisissez d'être un guerrier.

Dans le *Livre de l'Eau*, j'explique que l'Eau, en s'infiltrant, peut prendre toutes les formes et finir par user tout ce qui la maintient captive. J'y décris clairement ce que mon école propose pour l'étude de la stratégie. Les choses simples peuvent être comprises de multiples façons, mais le contraire est souvent vrai pour les concepts plus complexes.

Étudiez ce que je dis avec le désir de comprendre ma voie de la stratégie. Lorsque vous aurez maîtrisé les bases des techniques de sabre, vous serez capable de battre un homme ou plusieurs hommes. Le résultat serait identique si vous combattiez une horde infinie tant que votre force reste avec vous. La force dépend de l'entraînement et de la pratique dans votre art. Il est important de se rappeler que toute chose se construit à partir de la base, étape par étape. Il faut se concentrer sur l'esprit. Plutôt que de connaître des milliers de choses, il est préférable d'en connaître une parfaitement. Il est difficile d'appréhender pleinement ces concepts au travers des mots. La réalité est fondamentalement intuitive. Il faut continuellement étudier l'esprit en ce qu'il permet une attitude correcte. Le *Livre de l'Eau* éclaire les spécificités et les particularités de mon école, l'école Ichi.

Le *Livre du Feu* est consacré au combat. Lorsque l'homme est acculé au combat son esprit devient féroce. Il y a un temps pour être large d'esprit, un temps pour être étroit d'esprit. Afin de pouvoir déterminer l'éventuelle issue de situations de combat, il vous faut adopter en permanence une attitude correcte et vous entraîner sans relâche. Votre combat est à l'image de votre pratique. En gardant toujours une attitude correcte, vous pratiquerez avec application, dans un bon esprit et vous gagnerez autant de force que de compétence. C'est au travers de l'entraînement que vous serez capable d'affronter toutes les circonstances.

Il est difficile de percevoir les gestes furtifs d'un ennemi, mais il est facile de voir les mouvements d'une armée. Lorsque vous étudiez l'art de la stratégie, il est indispensable de vous entraîner de jour comme de nuit. Je ne le soulignerai jamais assez. C'est ainsi que vous serez amené à comprendre ce que j'entends par voie de la stratégie. Votre vie de tous les jours doit être vécue comme une vie de stratégie. Ce livre explique en détail les combats lors des batailles. Votre esprit doit demeurer inchangé aussi longtemps que vous étudiez, aussi longtemps que vous vivez la vie d'un guerrier.

Le *Livre du Vent* est consacré à la stratégie et à l'enseignement des autres écoles et des traditions ancestrales. Il existe des différences évidentes, mais également des différences plus subtiles, difficiles à percevoir. Il faut faire attention à ne pas étudier des méthodes traditionnelles qui s'éloigneraient du véritable enseignement de la voie. J'ai essayé de rendre les différences claires et faciles à comprendre. La moindre erreur, même minime, en mer peut vous faire dériver à des miles de votre cap. Il vous faut reconsidérer en permanence votre voie et vous assurer que vous ne vous égarez pas. Il est très facile de prendre un chemin détourné en abandonnant la méthode directe. Vous devez bien comprendre ce que je sous-entends lorsque j'explique ce qui différencie l'école Ichi des autres écoles. Il n'est pas erroné de penser que les écoles qui enseignent uniquement le combat au sabre proposent des méthodes incorrectes, contrairement à l'école Ichi qui, par son style de combat à deux sabres, s'attache à enseigner des techniques physiques et mentales.

Il est indispensable de se consacrer à la technique. Néanmoins, la stratégie possède ses propres principes de pensée qui peuvent être appliqués à tout ce qui se rapporte à la guerre et au combat. C'est en cela que l'école Ichi se différencie des enseignements traditionnels.

Il est facile de comprendre les quatre premiers livres du traité des cinq roues. Les remarques présentées en introduction peuvent être comprises dès la première lecture. L'introduction ne révèle rien de profond. L'idée fondamentale de la stratégie réside dans la manière d'être ou de ne pas être et dans ce que cela induit. Cependant, dans le *Livre du Ciel*, vous découvrirez que la voie de la stratégie est aussi la voie de la nature et qu'il n'existe aucune différence si ce n'est ce que vous percevez ou non de la vérité. Si vous comprenez la voie de la stratégie, vous serez capable de battre un homme sans même y penser, de façon tout à fait naturelle. Il existe une approche non équivoque pour appréhender l'ensemble du sujet. Le *Livre du Ciel* est également le plus court, à la fois simple et difficile à comprendre.

POURQUOI J'AI APPELÉ MON ÉCOLE « UNE VOIE — DEUX SABRES »

Il n'est pas inhabituel pour un guerrier de porter deux sabres. L'un est long et l'autre court. Le nom de ces sabres varie d'un lieu à l'autre, d'une époque à une autre. Mon école enseigne la manière correcte de se servir des deux sabres au combat, quand bien même le guerrier n'aurait besoin que de l'un d'eux pour se défendre. Les lances, les javelots, les arcs et les flèches sont généralement utilisés en extérieur, tout comme le sabre. Pour les combats rapprochés à l'intérieur comme à l'extérieur, les guerriers auront recours à leurs sabres. Vous devez être capable de brandir vos sabres en toute occasion. La comparaison avec les hallebardes, les lances, les arcs et les flèches est évidente et prend tout son sens dans le contexte d'un combat. Le sabre est plus facile à manier, quel que soit le terrain sur lequel vous vous battez. Au début de l'entraînement, les hallebardes, les lances et les autres armes de ce type s'avèrent difficiles à manipuler, tout particulièrement lorsque vous ne les avez jamais expérimentées. Mais avec le temps, tout devient plus facile lorsque les efforts sont consentis avec un cœur pur. J'insiste pour que mes élèves débutent leur entraînement avec un sabre dans chaque main. En situation de combat, vous devez pouvoir utiliser pleinement vos armes. Tout autre raisonnement serait illusoire. Si vous devez mourir sur le champ de bataille, vous devez le faire avec respectabilité et une grande dignité. Ce serait un terrible déshonneur que de mourir au combat le sabre au côté, ou sans avoir pu en faire un usage approprié. Mon école préconise l'étude de deux sabres et pour ce faire le guerrier doit tenir un sabre dans chaque main. Il est difficile de manier correctement un sabre lorsqu'il est tenu à deux mains. De la même façon, l'utilisation d'un sabre sera limitée si le deuxième sabre demeure passif. Lorsqu'il est dégainé, le sabre devient un instrument de mort et doit être utilisé à cette seule fin. Il ne s'agit nullement d'un jouet.

Quelles que soient votre détermination et votre volonté, il serait illusoire de vouloir changer la nature des choses. Les choses marchent d'une certaine façon parce que c'est la voie des choses. Le guerrier doit être parfaitement conscient de la nature de l'arme qu'il utilise. Le sabre long est utilisé pour combattre à distance et le sabre court pour les combats rapprochés.

Le choix des armes ne fait que peu de différence lorsque vous comprenez leur véritable nature. Vous devez également percevoir la raison de leur existence. Lorsque c'est le cas, vous devenez capable de brandir n'importe quelle arme avec laquelle vous vous êtes entraîné, si vous vous êtes entraîné avec tout votre cœur. Le principal objectif de ma voie de la stratégie est la victoire. Il n'y a rien d'autre.

Il est très difficile de développer ces idées en détail car elles relèvent de l'intuition. Ce n'est qu'après avoir compris le fond des choses que vous étudiez, que « l'esprit » des choses se révèle à vous.

Dans mon école, un maître de la stratégie est celui qui maîtrise le sabre long. Comme je l'ai mentionné précédemment, le sabre a été longtemps considéré comme « l'âme du guerrier. » Il existe une grande intimité entre le guerrier et son arme. Toutes les armes appartiennent à l'équipement du guerrier et font partie intégrante de la stratégie. Lorsqu'un guerrier maîtrise le sabre long, il peut gouverner le monde ; il peut, au combat, battre dix hommes ou plus. Pour illustrer mon propos, considérons le guerrier sans arme comme le guerrier le plus proche de notre idéal car, en fait, il n'utilise d'autre arme que « ses mains vides ». Pour aller plus loin, considérons l'attitude de « la chose-non-chose » — une attitude qui ne doit pas être confondue avec le concept du « rien » qui est toujours par définition « quelque chose ». Le sabre est un objet physique qui effraie la plupart des hommes, qu'ils soient guerriers ou non.

L'art du guerrier et la voie de la stratégie sont seuls directement concernés par la vie physique et la mort physique. Les autres arts ne s'en préoccupent pas. Pour comprendre l'univers, il faut être en accord avec les vérités des autres arts afin de se pénétrer plus avant des convictions requises pour suivre la voie du guerrier. Les autres voies ne s'attachent pas aux concepts de vie et de mort. Elles se préoccupent d'idées qui peuvent acceptées ou rejetées par les autres. Il y a une grande différence entre défaire un homme intellectuellement et lui prendre physiquement la vie. Nous vivons dans un monde physique et sommes plus gouvernés par les choses qui peuvent nous affecter physiquement que par l'intimidation psychologique.

DE L'UTILISATION DES ARMES EN STRATÉGIE

Chaque arme possède un « esprit » qui lui est propre. Chaque arme doit être utilisée à bon escient pour être efficace et pour permettre à celui qui la détient de tirer avantage de ses qualités spécifiques. L'arme ultime est « la chose-non-chose ». Il faut ajouter aux armes physiques les « mains vides », qui peuvent être considérées comme l'ultime arme physique. Maintenant, considérons l'usage qui peut être fait de « l'esprit vide ».

Vous devez étudier en gardant à l'esprit le fait qu'il faut être capable d'agir dans n'importe quelle situation et avec n'importe quelle arme. Si vous consacrez beaucoup de temps à l'étude et que vous comprenez les propriétés de toutes les armes, il vous sera possible de les utiliser efficacement dans toutes les circonstances.

Des armes offensives comme la lance et l'arc conviennent parfaitement à l'assaut, mais deviennent complètement inefficaces dès lors qu'il s'agit de corps à corps. Cela ne signifie pas que l'arc soit totalement inutile. N'oubliez pas de lire ces pages avec discernement, en gardant à l'esprit le comment et le pourquoi des armes utilisées à la guerre. Lorsque de nouvelles armes doivent être mises au point, leur conception devrait toujours prendre en compte l'intention première du guerrier, celle de maîtriser l'art de la stratégie.

Le fusil est une arme formidable, qui n'a pas d'égale au début de l'attaque. Pourtant, il devient vite inutilisable dans les combats rapprochés car il est quasiment impossible de le réarmer. La lance et l'épieu doivent être utilisés à distance et l'arc est également inapproprié pour les combats au corps à corps. Il faut tenir compte de l'époque dans laquelle vous vivez et des armes dont vous pouvez disposer. Avec le temps, de nouvelles armes apparaîtront qu'il vous faudra étudier si vous voulez en connaître la nature et apprendre à les utiliser au travers de la voie de la stratégie.

Une arme est un outil qui doit être utilisé efficacement et avec discernement ; sinon, elle sera de peu d'utilité, même dans les mains les plus expertes. Au cœur de la bataille, avec le sabre long comme à mains nues, la garde doit être solide, les coupes, les frappes, les coups de poings et les coups de pieds doivent être puissants, et l'esprit inébranlable. Cela dépendra du cœur que vous aurez mis à vous entraîner et à pratiquer. Les armes peuvent être décorées pour renforcer le courage du guerrier, mais elles devraient avant tout être fabriquées pour résister.

Il est dangereux pour un guerrier de ne connaître qu'un seul aspect du combat. Cela risque de limiter sa perspicacité et de nuire à son évolution. À quoi cela peut-il bien servir de connaître une chose à un tel degré que vous devenez inconscient des autres ? Si vous méconnaissez constamment les possibilités des autres méthodes et des autres armes, vous devenez imprévoyant et risquez, en fait, de perdre l'avantage de votre propre maîtrise. C'est pourquoi le guerrier doit étudier les méthodes des autres écoles et appliquer les informations qu'il en tire au système que nous tentons d'appréhender ici.

DE L'IMPORTANCE DU RYTHME EN STRATÉGIE

Il y a le bon moment et il y a le mauvais moment — en toute chose. Lorsque vous comprenez la notion de cadence, vous comprenez le sens du rythme. Cadence et rythme — sont les deux aspects d'une même chose, pourtant ils sont différents. Pour appréhender ces deux concepts en un seul, il faut d'abord les comprendre séparément. Il est également indispensable de percevoir le rythme de l'harmonie universelle. La cadence peut être altérée. Le rythme peut être altéré. Ils peuvent être altérés séparément ou à l'unisson. Vous devez comprendre que pour restructurer le temps, vous devez avoir une parfaite compréhension et une conception claire de l'univers. Sinon, c'est votre propre être qui se trouvera contaminé par des erreurs qui vous empêcheront d'agir correctement au cœur de la bataille, quelle qu'elle soit. Je me dois de souligner une nouvelle fois que seule la pratique constante permet d'accéder à ce niveau de compréhension. Il est indispensable de comprendre la cadence et le rythme lorsque l'on étudie ma voie de la stratégie. Vous devriez toujours vous entraîner en gardant en tête la cadence et le rythme afin de vous rendre compte qu'il en existe différents types. D'une bonne perception du temps naîtra la compréhension de ma voie de la stratégie.

NOTES DE CONCLUSION AU *LIVRE DE LA TERRE*

Il faut bien comprendre que l'entraînement ne cessera jamais. Lorsque le guerrier pense qu'il en a fini avec l'entraînement, il s'aperçoit bientôt que « l'esprit de la chose même », qu'il avait pourtant étudiée avec constance, l'abandonne et le prive de nouvelles révélations. Il ne doit jamais cesser de s'entraîner. C'est ainsi que l'esprit du guerrier continue de grandir.

La voie du guerrier est un mode de vie et ne peut se limiter à un passe-temps, à moins que votre pratique ne se résume qu'à impressionner les autres par votre technique. Vous ne devez jamais cesser de vous référer aux pages écrites par les maîtres de votre art. Vous ne devez pas, non plus, abandonner l'étude des autres arts qui ouvrent l'horizon du guerrier. Le cœur est là pour aider l'intellect à comprendre l'esprit.

Si vous ne possédez pas la carte d'une région inconnue, comment pouvez-vous espérer arriver sans encombre là où vous désirez aller ? Même avec des indications, vous serez amené à hésiter à certains croisements. De même, si vous ne fixez pas votre esprit et votre cœur sur les principes énoncés, comment espérez-vous comprendre ce que vous essayez d'accomplir ?

Il est important que le guerrier médite sans relâche sur les principes suivants :

1. Dans votre commerce avec les hommes, n'ayez que des pensées honnêtes.
2. Seule une pratique rigoureuse permet d'appréhender la stratégie.
3. Familiarisez-vous avec tous les arts que vous rencontrez.
4. Comprenez la voie des autres disciplines.
5. Dans votre commerce avec les hommes, sachez distinguer le bien du mal.

6. Efforcez-vous à un jugement intuitif et à une compréhension de toute chose.
7. Percevez ce qui ne peut être vu.
8. Ne dédaignez rien, même le détail le plus insignifiant.
9. Ne perdez pas votre temps en futilités ou en pensées superflues lorsque vous avez décidé de vos objectifs.

Les neuf principes que je vous ai proposés doivent vous permettre de libérer votre esprit de toutes pensées négatives qui pourraient interférer avec votre progression. Ils doivent rester toujours présents à votre esprit ; enfouis au plus profond de votre cœur. Une fois que vous avez accepté la nécessité d'étudier ces principes, il vous est possible de continuer votre chemin avec mesure, application et aisance. Nombreux seront les hommes que vous vaincrez en les fixant simplement droit dans les yeux, car ils prendront conscience que vous êtes un adversaire d'exception et n'oseront plus attaquer.

N'oubliez pas le rythme. N'oubliez pas de demeurer en harmonie avec l'univers et avec vous-même. Rappelez-vous qu'il est essentiel de toujours étudier pour approcher la perfection dans un art, quel qu'il soit. Bien que certains hommes semblent avoir atteint le but ultime, ils n'en demeurent pas moins contraints de s'adapter au changement — fondé sur les temps pleins et les temps vides de la cadence et du rythme. Cependant, en vous dévouant à votre art, vous pourrez vous singulariser du commun des mortels et vous serez capable de vous concentrer toujours plus efficacement sur la voie que vous vous êtes choisie. Il est néanmoins indispensable de ne pas oublier le reste du monde, bon ou mauvais ; et pour réussir dans votre voie, il faut maintenir votre interaction avec la société des hommes. Si vous souhaitez contrôler les autres, vous devez d'abord vous contrôler vous-même. C'est pourquoi, il est nécessaire de ne jamais cesser d'étudier. Telle est l'essence de ma stratégie.

Ainsi s'achève le *Livre de la Terre*.

水

Le Livre de l'Eau

Dans le *Livre de l'Eau*, je révèle tout de la stratégie de mon école des deux sabres. Vous devez réfléchir à chaque élément séparément et non simplement vous contenter d'explications spécieuses. Il est important de comprendre ce que vous lisez ou étudiez. Lorsque vous rencontrez un concept que vous ne comprenez pas, il serait absurde de continuer, surtout si vous souhaitez suivre la voie du guerrier. Lorsque je dis que l'usage des mots limite, dans une certaine mesure, votre compréhension, cela signifie que bien que l'information semble souvent claire, la connaissance n'est pas toujours le corollaire de l'évidence. Il existe des sens « cachés » — à ne pas confondre avec des choses hors du sens commun — sur lesquels il faut revenir sans cesse jusqu'à en découvrir la signification. Lorsque vous relisez ce livre, vous passez à un autre niveau de compréhension. En fait, chaque fois que vous reprenez ce livre pour l'étudier à nouveau, vous interprétez son enseignement de manière différente. Cela ne signifie pas que l'idée que vous vous en étiez précédemment faite était erronée. Cela signifie simplement que vous demandez à « l'esprit de la chose » d'aller plus loin dans ses révélations.

Bien qu'il semble que les règles de stratégie exposées dans ce livre ne concernent que les combats individuels, vous devez les transposer sur une plus grande échelle pour comprendre le déroulement des batailles impliquant des milliers d'hommes. Il n'y a pas de limite aux capacités d'un homme dès lors qu'il comprend les principes de stratégie gouvernant son art, car il peut toujours les appliquer à d'autres situations.

Il est important que vous ayez la certitude de bien comprendre ce que vous lisez. Lorsque vous étudiez la stratégie et que vous assimilez certains concepts d'une manière ne serait-ce qu'un petit peu erronée, vous risquez de vous perdre définitivement. Lorsque vous comprenez ce que je vous dis, appliquez ce que vous avez appris à votre vie de tous les jours.

L'imitation n'est autre qu'une forme déguisée de flatterie et d'échec. Les discussions autour de ce que je dis ne me concernent pas. Je suis beaucoup plus intéressé de vous voir appliquer mes préceptes dans votre vie quotidienne. Si vous ne le faites pas, vous n'êtes absolument pas en accord avec votre mental. Ceci ne s'applique pas à ceux qui lisent ces lignes pour le simple plaisir, mais à tous ceux qui rêvent d'être des guerriers. Étudiez pour remplir votre cœur de mes enseignements.

DE L'IMPORTANCE DE L'ATTITUDE PHYSIQUE ET MENTALE EN STRATÉGIE

La manière dont le guerrier se comporte est de la plus haute importance tant physiquement que mentalement. Vous avez certainement déjà croisé des hommes calmes et assurés, que rien ne semble pouvoir ébranler.

Ils ne manifestent aucune anxiété ni aucun désarroi. Ils se manifestent tout simplement. C'est justement la manifestation qu'ils recherchent. Lorsqu'il est nécessaire d'attaquer, ils le font avec résolution. Sûrs d'eux-mêmes, ils ne laissent paraître aucune fausse bravoure, ni fausse humilité. Ils attaquent dans un seul et unique but — détruire l'ennemi. Ils ne prennent aucune posture particulière lorsqu'ils se préparent à attaquer. Ils ne font qu'attaquer de tout leur cœur et de toute leur âme.

Un homme de petite taille peut vaincre un homme beaucoup plus grand et un homme peut à lui seul défaire plusieurs hommes lors d'un combat. Laissez la sagesse vous gagner et attachez-vous à perfectionner votre art et à comprendre l'art des autres guerriers. Lorsque vous êtes conscient de vous-même et que vous comprenez votre ennemi, vous ne pouvez être battu. Gardez toujours présent à l'esprit ce qui est juste et ce qui ne l'est pas dans le monde des hommes. Ne vous laissez pas intimider par la stature de l'ennemi. Ne vous laissez pas leurrer par votre propre incompréhension de ce que vous recherchez. Si c'est le cas, vous vous trompez et cela signifie que vous n'étudiez pas correctement les principes de la voie de la stratégie. Sur le champ de bataille, comme en dehors, l'esprit reste le même. Le guerrier voit la vie comme un champ de bataille. Ne perdez pas la foi lorsque l'ennemi semble indestructible. Vous devez vous consacrer en permanence à l'étude afin d'atteindre la perfection de l'âme que l'attitude de l'esprit rend évidente.

COMMENT SE TENIR PRÊT AU COMBAT

Je souligne toujours l'importance de la posture et de l'équilibre. Si vous avez une garde et une position relâchées, vous serez dans l'impossibilité de réaliser efficacement votre technique. Vous devez vous concentrer sur une unique chose — porter la « coupe ». Plissez légèrement les yeux et dilatez imperceptiblement les narines. Gardez le dos bien droit, sans vous pencher pendant tout le combat. Gardez les épaules basses et relâchées. Serrez les muscles abdominaux et enracinez-vous dans le sol. Pour intimider l'ennemi, pensez en vous même que vous êtes plus grand que vous ne l'êtes réellement. Progressez lentement vers l'ennemi jusqu'à ce que vous soyez prêt à frapper. Puis frappez avec force, conviction, rapidité et puissance. Vos armes doivent être toujours prêtes. Vous devez perfectionner vos gardes et vos déplacements avant d'utiliser une technique de combat. De cette manière, vous développerez la perception de votre être au travers de votre art. Combien de fois avez-vous rencontré des soi-disant experts qui n'avaient ni attitude, ni équilibre ? Ils vous sont apparus comme de parfaits lourdauds, sans style, ni grâce. Pensez bien à tout ceci et réfléchissez à la manière dont vous souhaiteriez vous manifester lorsque viendra le temps d'agir. Pensez à ce que vous souhaiteriez personnellement voir sans penser au regard des autres.

Pourquoi vouloir paraître une chose alors que vous en êtes une autre ? Si vous êtes un guerrier, alors vous êtes un guerrier ; mais si vous n'êtes pas un guerrier, alors vous n'êtes pas un guerrier. La voie du guerrier est la voie du guerrier. Pour être un guerrier, il faut avoir l'attitude du guerrier et se comporter comme un guerrier. Ne vous leurrez pas.

REGARDER L'ENNEMI

Regardez l'ennemi comme si votre regard le transperçait sans pourtant le lui faire sentir. La perception et la vue sont deux principes importants de ma stratégie. La perception est de l'ordre de l'intuitif. La pratique permet de l'affiner. La vue est la capacité physique qui permet aux yeux de voir. Il faut comprendre leur différence et leur similitude. Le guerrier doit se préparer à perdre la vue dans un combat pour la vie.

Il faut apprendre à voir les choses de loin et de près. Cela s'applique également à l'attitude du guerrier face à la garde et à la posture. Il ne faut pas préjuger de ce que l'on voit en portant crédit à ce que l'on pense de l'apparence des choses, mais regarder toutes les choses indifféremment afin de pouvoir discerner ce qui peut vous atteindre et ce qui ne le peut pas.

Il est extrêmement important d'avoir une vision périphérique. Cette aptitude peut s'acquérir avec le temps par l'entraînement. Cela nécessite une discipline rigoureuse. Cette aptitude peut servir également dans la vie de tous les jours. J'insiste une nouvelle fois sur l'importance de l'entraînement pour atteindre la perfection dans l'art du guerrier. La ténacité de caractère est la qualité première pour comprendre la relation entre l'homme et l'univers. Si vous en manquez, vous serez facilement leurré par de fausses certitudes et vous serez alors facile à battre. Obligez-vous à acquérir les qualités indispensables au guerrier que vous prétendez être. N'oubliez pas qu'en vous soumettant à « l'esprit de la chose », « l'esprit de la chose » se soumettra à vous.

COMMENT TENIR LE SABRE LONG

Il est important de comprendre comment tenir le sabre long. Il faut que la saisie du sabre soit à la fois souple et ferme. Ce que j'entends par là, c'est que vous devez tenir le sabre fermement, tout en gardant la main et le poignet souples et flexibles. Tenez le sabre comme vous le feriez d'une canne à pêche et coupez comme si vous lanciez une ligne à l'eau. Pour vous aider à manier le sabre long correctement, repliez l'annulaire et l'auriculaire fermement sur le sabre. Dirigez le sabre avec le pouce et l'index.

Ces principes s'appliquent également aux budokas non armés. Il est important d'acquérir de la souplesse au niveau des mains lorsque vous travaillez votre attitude, quel que soit le but recherché. Si vous ne tenez pas le sabre correctement, vous risquez de perdre le contrôle de votre arme pendant le combat. Si vous frappez un objet dur et que votre saisie n'est pas assez forte, vous risquez de lâcher le sabre. Dans les arts de combat à mains nues, le poing doit être fermé et serré et le poignet placé en ligne avec le poing. Si vous ne le faites pas, vous risquez de vous briser le poignet lors du contact et de vous trouver, avec un poignet faible, dans l'incapacité de frapper de tout votre cœur et de toute votre âme. Dans les techniques au couteau, les doigts sont repliés pour éviter qu'ils ne cassent lorsque le coup n'est pas porté correctement. Si les doigts sont bien positionnés, il est facile d'atteindre la cible.

Lorsqu'un guerrier dégaine son sabre, il n'a qu'une seule intention, celle de pourfendre l'ennemi. Il n'a pas de raison de modifier sa saisie lors de la frappe. Lorsque par votre parade, vous avez réussi à faire perdre le contrôle de son arme à l'ennemi, ne modifiez pas la position de votre main. Ne fanfaronnez pas face à l'ennemi, cela vous perdrait, surtout si votre ennemi est bien entraîné. De même, lorsque vous avez réussi à esquiver le sabre de l'ennemi ou à parer sa frappe, vous devez immédiatement contre-attaquer avec une frappe puissante pour finir le combat. Les arts martiaux ne sont pas des jeux de rôle dont l'unique objet serait de démontrer qui est le plus fort ou le plus rapide. Lorsque vous frappez un ennemi, vous devez avoir l'intention de le faire. Si ce n'est pas le cas, c'est vous qui serez blessé. La seule raison qui vous fait dégainer votre sabre est la volonté de pourfendre l'ennemi.

Il est également important de ne marquer aucune différence entre le fait de sortir le sabre au combat et son utilisation à l'entraînement. Il n'y a pas une saisie propre au combat et une saisie propre à l'entraînement. Même à l'entraînement, vous devez frapper avec tout votre cœur et toute votre âme. Si vous ne le faites pas, vous serez incapable de frapper avec force et conviction lorsque le besoin s'en fera sentir. Chaque frappe doit être donnée avec force, autorité et intensité. Le boulet de canon ne fait pas la distinction entre le tir d'entraînement et le tir de combat. Vous vous entraînez pour devenir un et unique, à tous les moments de votre vie. Je n'aime pas l'idée d'obstination dans la saisie. L'obstination est synonyme de manque de flexibilité. Vos mains doivent être à la fois souples et fermes. Cela signifie que vous devez pratiquer toutes les techniques de la même manière, que vous brandissiez un sabre lors des combats au sabre ou que vous utilisiez vos mains dans des combats à mains nues.

DES DÉPLACEMENTS CORRECTS POUR COMPRENDRE LE MOUVEMENT DU CORPS

Il n'y a pas de différence entre marcher et courir à la bataille et marcher et courir dans la vie quotidienne, si ce n'est la vitesse. La précision des mouvements du corps dépend totalement de la manière de se tenir. Les pieds transportent le corps et le corps commande aux pieds. Marchez fermement en posant le talon en premier sur le sol, puis déroulez le pied jusqu'à la plante des pieds. Entraînez-vous jusqu'à ce que vous ayez l'impression de vous déplacer sans bouger. N'utilisez pas plusieurs types de pas, sauts, glissements ou sautillements. Le combat est un aspect de votre vie si vous avez choisi la voie du guerrier. Ne changez pas d'attitude. Rappelez-vous la discussion sur les gardes et les postures. Certains types de déplacements « particuliers » sont utilisés uniquement pour des techniques bien spécifiques, mais ne doivent pas être cultivés comme faisant partie intégrante de votre mode de déplacement. Marcher reste marcher, que ce soit lors d'une excursion dans un parc ou pour des manœuvres de combat.

Les anciens nous conseillaient de marcher à la manière du yin et du yang. Que nous fassions un pas en avant, en arrière ou sur le côté, le deuxième pied doit être pris en compte comme faisant partie intégrante du tout. Lorsque vous attaquez en avançant le pied droit ou lorsque vous attaquez en reculant le pied gauche, l'idée est de déplacer le corps et non juste le pied. Un déplacement de pied incertain peut vous amener à trébucher et perturber votre équilibre. Cela fait perdre au guerrier tout son aplomb. Il vous faut pratiquer les techniques des deux côtés du corps. De cette façon, vous ne serez pas tenté de fonctionner dans une seule direction, ce qui serait absurde et limiterait votre technique. Ne soyez pas « gaucher » ou « droitier ». Devenez les deux en pratiquant les mouvements dans toutes les directions.

LES CINQ NIVEAUX D'ATTAQUE

Si nous étudions les possibilités d'attaquer l'ennemi, nous découvrons rapidement qu'elles ne sont qu'au nombre de cinq. Vous ne pouvez attaquer que le haut, le milieu, le bas, le côté droit et le côté gauche du corps. Cela n'exclut pas la possibilité d'attaquer l'ennemi dans le dos. Je parle d'attaquer. J'espère que je me fais bien comprendre. Vous ne pouvez attaquer que le haut, le milieu, le bas, le côté droit et le côté gauche du corps. Il est inutile d'ajouter par-devant ou par-derrière — il s'agit toujours d'attaquer le haut, le milieu, le bas, le côté droit et le côté gauche. Bien qu'il puisse sembler un peu ridicule de s'appesantir sur ce point, nombreux sont ceux qui chercheront à attaquer de manière désordonnée en se retrouvant derrière leur ennemi, et ne réussiront pas à le battre. Il n'y a ici rien de fantaisiste. Vous devez aller droit au fond des choses pour vaincre l'adversaire. C'est tout. Faites-le ou ne le faites pas. Attaquer un ennemi n'implique qu'une chose — le pourfendre de manière définitive.

Attaquez droit au cœur de l'ennemi. Votre objectif de guerrier est de tuer l'ennemi. Ne vous laissez pas démonter par l'apparence de votre ennemi ou par vous-même. Perdez la conscience de la technique que vous allez utiliser. Sinon vous hésiterez. Si vous comprenez l'importance de cette attitude, vous ne serez jamais vaincu. Votre comportement sera connu de vos ennemis potentiels et ils préféreront se mesurer à quelqu'un d'autre. Le but ultime des arts martiaux est de ne pas avoir besoin d'y recourir.

Il est toujours préférable d'attaquer droit devant. Votre attaque doit être forte de conviction et d'intention. Ainsi vous pourrez battre l'ennemi, quel que soit son niveau de compétence. Les attaques sur l'avant sont décisives. Cela ne signifie pas que ces attaques n'impliquent jamais de mouvements circulaires. Pensez-y. Selon l'endroit où se déroule le combat, vous devez savoir quand attaquer de face ou quand porter une attaque latérale. Au cours du combat, cette décision ne doit pas être de l'ordre du conscient. C'est pourquoi vous devez pratiquer dans toutes les directions. Lorsque vous êtes contraint de porter une attaque latérale, c'est que vous rencontrez une opposition, peut-être une autre arme, ou une forte contre-attaque ou tout autre chose.

Tout émane du centre. Cela est vrai pour toute chose, quelle qu'en soit la nature. C'est pourquoi il est dit que tout ce qui émane du plus profond de votre cœur se trouve amplifié. Une attaque, quelle qu'elle soit, doit partir du centre du guerrier et être dirigée vers le centre de l'ennemi. Il est important de comprendre la nécessité de concentrer son attaque sur le milieu, en la laissant terminer sa course vers le haut, le bas, la gauche ou la droite selon l'objectif de « l'esprit de la chose même ». Si nous observons un grand champ de bataille, nous voyons presque toujours le général au milieu de ses troupes, l'ensemble des corps d'armée stationné autour de lui. Il peut ainsi diriger le combat en fonction de ce qu'il voit et trouver la stratégie qui lui permettra de vaincre l'ennemi.

COMPRENDRE LA NATURE DU SABRE LONG

Afin de bien combattre, il est nécessaire de comprendre comment manier ses armes, que ce soient le sabre ou les poings. Il est indispensable de ne plus faire qu'un avec son sabre au travers d'une pratique constante. Lorsque vous connaissez le cœur et la nature de votre arme, il vous est possible de vaincre avec une arme différente car vous y reportez la sensibilité acquise avec la première. Il est indispensable de connaître les limites de ses armes avant de pouvoir les utiliser pleinement. Pensez-y, cela prendra tout son sens avec le temps.

Quelles que soient les circonstances du combat, vous devez rester calme. Le calme s'acquiert par la méditation et la confiance en ses compétences. Il ne faut pas confondre ce travail avec l'apprentissage de techniques égotistes qui s'avèrent le plus souvent inefficaces en situation de combat. N'essayez pas de recourir à des techniques inadaptées à la situation. Une attaque doit être exécutée avec vivacité, mais sans précipitation. Attaquez avec puissance, mais pas avec force. Il existe une grande différence entre vitesse et précipitation, puissance et force. Réfléchissez bien à tout cela. C'est l'essence même de la stratégie. Vous pouvez avoir recours à des artifices tels que les armes, mais vous devez en connaître les propriétés sinon elles seront sans intérêt pendant le combat.

Un coup de poing est un coup de poing, un coup de pied est un coup de pied et une frappe est une frappe. Il ne faut pas se méprendre comme beaucoup le font lorsqu'ils utilisent une technique de pied alors qu'une technique de poing aurait été plus efficace. Un coup de poing allongé est inefficace s'il est porté comme un coup sec et, de même, un coup sec n'atteindra pas sa cible s'il est porté comme un coup droit. Il faut comprendre les spécificités du sabre long et du sabre court. Il faut connaître son arme.

Ramenez toujours votre arme en respectant la trajectoire suivie pour la dégainer. De cette manière vous serez capable de dégainer à nouveau sans vous poser de problèmes de distance ou repenser à votre attitude. C'est ce principe qui prévaut pour le poing qui se rétracte contre la hanche lorsque l'autre poing frappe. Cette action doit être déterminante et ne doit pas être exécutée sans conviction. Pour frapper avec puissance, il est nécessaire de frapper droit et sans hésitation en ramenant l'autre poing en position pour qu'il se trouve armé pour frapper à son tour. Si ce n'est pas le cas, la frappe manquera de puissance.

LES CINQ TRAJECTOIRES D'ATTAQUE

Je n'insisterai jamais assez sur la nécessité d'un entraînement rigoureux pour acquérir les principes liés au maniement du sabre. La voie du guerrier est une voie exigeante et « l'esprit de la chose même » n'autorise aucun dilettantisme. Vous devez comprendre les cinq trajectoires d'attaque de la stratégie.

La meilleure attaque est celle qui vise le centre de l'ennemi. Portez toujours votre attaque au milieu du visage de votre adversaire. Il est plus facile de dévier dans une autre direction à partir du centre que de devoir couvrir une grande distance en portant votre frappe de droite à gauche ou de gauche à droite. Une attaque est généralement précédée d'une parade. Il s'agit de bloquer l'attaque de l'adversaire. Ce n'est pas la même chose que de frapper l'arme de l'adversaire. En fait l'objectif est totalement différent. En bloquant, vous essayez de parer une attaque. En frappant l'arme de l'adversaire, vous déviez l'attaque pour créer une ouverture et placer votre propre attaque. Il est dit que vous chevauchez l'arme de l'adversaire.

Votre attaque doit tenir compte de ces deux possibilités. Il ne s'agit pas de privilégier l'une ou l'autre, mais de prévoir les deux. Si ce n'est pas le cas, l'attaque se fera sans conviction et ne pourra être efficace. Faire face à l'ennemi est comme pointer son sabre à la face de l'ennemi. Votre détermination est ce qui vous fera vaincre.

Dans les trajectoires d'attaque de ma stratégie, l'attaque haute vient en deuxième. Une attaque doit se faire avec l'intention d'être répétée. Il n'est pas toujours possible de pourfendre l'ennemi ou de le frapper en un seul assaut. Vous ne devez pas laisser la confusion vous gagner. Faites bien votre travail et faites-le avec efficacité. Lorsque vous comprenez que la technique est ce qui permet à l'esprit de s'exprimer, alors vous êtes capable de vaincre l'ennemi. Vous devez toujours garder présent à l'esprit qu'il vous est possible de changer de cadence et de rythme.

L'attaque basse s'effectue en donnant l'impression qu'elle sort de terre. Frappez les mains de l'adversaire au-dessous de la garde du sabre. Cela revient à porter un coup de pied à l'aine d'un combattant désarmé lorsqu'il est placé en garde pour attaquer. Si l'ennemi pare votre attaque, changez de direction et entrez sur le côté. Le principe, ici, est qu'il vous faut entrer instantanément sur l'ennemi dès lors que vous percevez son intention de lancer une attaque d'approche. Pour entrer sur l'ennemi à l'instant de l'attaque, il est indispensable de jaillir sur lui. La vitesse requise ne signifie pas nécessairement que vous soyez plus rapide que l'ennemi. En fait, vous devez être plus vif que l'ennemi. Il faut penser en terme de « vivacité ». Un ennemi n'attaquera que s'il est sûr de lui. C'est pourquoi il est important de développer votre perception. Savoir que l'ennemi est sur le point d'attaquer, n'implique pas de votre part une simple contre-attaque. Vous devez avoir le courage d'entrer dans l'attaque avec pour seule intention de « frapper » et de « pourfendre » l'ennemi. Vous devez toujours adopter l'attitude de celui qui veut vaincre l'ennemi en une seule attaque. À l'entraînement, attaquez toujours avec l'intention « d'entrer ». Le sabre long implique que vous utilisiez votre principale arme, c'est-à-dire vous-même.

La quatrième trajectoire est l'attaque à gauche. Il faut parer sur l'extérieur et attaquer à partir de la gauche. Il est également possible d'attaquer à partir de la droite. L'attaque à gauche est une méthode de combat et non une technique spécifique. Parez le sabre en entrant sur l'attaque et en ramenant votre sabre vers le haut au moment où il touche le sabre de l'ennemi pour couper en diagonale.

La cinquième trajectoire est l'attaque à droite. Cette attaque est identique à l'attaque effectuée à partir de la gauche de l'ennemi. Votre attitude doit être la même, quelle que soit la trajectoire adoptée. Il s'agit ici de méthodologie et non de techniques spécifiques.

Il est difficile d'exprimer clairement avec les mots ce que les cinq trajectoires d'attaque impliquent pour la voie de la stratégie. Ce sont des concepts intuitifs. Vous devez pratiquer indifféremment toutes les techniques jusqu'à ce qu'elles deviennent pour vous une seconde nature. Une fois qu'elles font partie intégrante de vous-même, vous pouvez cesser d'y penser. Vous devez comprendre ce que vous êtes et comprendre l'ennemi. La spécificité de certaines attitudes et de certains idéaux sera abordée avec plus de précision dans la dernière partie de cet ouvrage. Il ne faut pas oublier, également, que ce que je dis et la manière dont vous le percevez dépend en grande partie de la conscience que vous avez de vous-même et du niveau de compétence que vous avez atteint. Pour comprendre la voie du guerrier, il est essentiel de toujours étudier afin d'enrichir sa réflexion.

LA STRATÉGIE DE « L'ATTAQUE SANS ATTAQUE »

Le choix d'une des cinq trajectoires d'attaque importe peu, car, pour faire face à toutes les situations, vous devez rester disponible et être capable de modifier dans l'instant votre stratégie d'attaque — votre unique objectif étant de tuer votre ennemi en coupant ou en frappant. Vous devez manier votre sabre avec dextérité. Préparez votre esprit à l'éventualité d'un changement de trajectoire instantané. À l'entraînement, vous pouvez travailler en partant d'une attaque haute dont vous changerez rapidement la direction à mi-hauteur pour porter une attaque basse. Attaquez à gauche et changez dans l'instant pour attaquer directement au centre. Vous pouvez encore passer d'une attaque à droite à une attaque basse pour terminer par attaquer à gauche. Il faut pratiquer en expérimentant continuellement pour comprendre la disponibilité nécessaire à la stratégie de « l'attaque sans attaque ».

Il est indispensable que vous compreniez bien le sens de tout ceci. Vous ne pouvez pas adopter une trajectoire pour vous y maintenir coûte que coûte. Votre ennemi peut vous attaquer de multiples façons. Ce qui peut vous sembler efficace peut se révéler inefficace car l'attaque de votre ennemi se trouve influencée à son tour par ce qu'il « ressent » à ce moment précis. Vous devez adopter une attitude qui vous permette de passer à un autre mode de combat sans avoir à prendre une décision consciente. Vous devez être disponible et vous ne devez pas privilégier une technique particulière au détriment des autres. Pensez-y. Il s'agit d'un principe fondamental de la voie du guerrier.

Un guerrier n'a qu'un seul objectif — détruire l'ennemi, quel que soit le moyen employé. Si vous ne comprenez pas cet enseignement alors comment pouvez-vous espérer accomplir ce que vous souhaitez accomplir ? Vous devez aller au combat avec la volonté indéfectible de détruire l'ennemi. Si vous ne développez pas cette volonté, que faites-vous là en tout premier lieu ? Combattre n'est pas un jeu. Même à l'entraînement, vous devez attaquer avec l'intention de tuer.

Rappelez-vous, votre principal objectif en devenant un guerrier est d'apprendre à détruire l'ennemi. Si vous ne détruisez pas l'ennemi, vous restez un enfant soucieux de son seul amusement. Détruisez l'ennemi quoi qu'il en coûte, même si cela implique que vous soyez blessé dans l'échange. Ne pensez à rien d'autre qu'à pourfendre l'ennemi. Il en va de même des armées lorsqu'elles s'engagent dans une bataille, leur principal objectif est de détruire l'ennemi si elles ne veulent pas être vaincues et déshonorées. Il n'existe aucune autre finalité à l'état de guerrier.

NE FAIRE QU'UN AVEC LA VOLONTÉ DE FRAPPER L'ENNEMI

La perception et l'intuition sont les deux qualités nécessaires à celui dont l'objectif est de détruire l'ennemi. Il faut s'entraîner sans relâche pour, un jour, être capable d'entrer sur une attaque et l'arrêter avant même qu'elle ne soit portée. Cela demande un courage infini. Cela demande beaucoup d'abnégation.

Dans l'art que vous pratiquez, vous ne pouvez espérer atteindre la perfection si vous ne pouvez entrer dans l'attaque pour détruire l'ennemi en ne faisant plus qu'un avec l'attaque. Vous devez porter une attaque aussi rapide et aussi directe que possible. Vous devez être capable de frapper l'ennemi même s'il adopte une position de repli. Vous devez continuer, vous ne devez pas hésiter et vous devez être inflexible, aller au bout de vos convictions. Cela demande beaucoup d'entraînement et force méditation, mais cela doit être fait.

Vous devez poursuivre votre attaque, quel que soit le comportement de l'ennemi. Comprendre le sens de tout ceci nécessite des heures et des heures de travail. Vous devez être assisté d'un « entraîneur » lorsque vous pratiquez. Sinon, vous devrez vous entraîner comme s'il était présent dans votre corps et dans votre âme. Votre attaque doit être implacable. Elle doit être conçue comme une entité à part entière.

AUCUNE PENSÉE, AUCUNE IDÉE PRÉCONÇUE

Il n'est pas nécessaire d'attendre que l'ennemi se lance dans le combat. Vous entrez votre attaque et si l'ennemi décide de porter son attaque au même moment, vous devez être plus rapide, plus précis et plus résolu. Il est indispensable que votre corps engage vos mains et vos pieds dans l'attaque. Cela résulte d'une attitude plus déterminée et d'un esprit plus fort. N'ayez aucune idée préconçue sur l'issue du combat. Entrez dans l'attaque avec la volonté de détruire l'ennemi et vous réussirez si votre esprit est à la hauteur de la situation, votre cœur engagé dans l'action et si vous n'avez pas peur d'être blessé pendant l'échange. Mettez la pression avec votre corps, hurlez avec force et autorité et laissez des mains qui n'arrivent de nulle part détruire l'ennemi.

TRAVERSER L'ENNEMI

Lorsque vous vous retrouvez dans la situation où ni vous ni votre ennemi ne semblez susceptible d'offrir une ouverture pour l'attaque décisive, vous devez chercher en vous-même ce qui vous reste de résolution pour exploser à la face de l'ennemi et fondre sur lui avec vivacité et détermination. Ne pensez alors qu'à détruire l'ennemi par tous les moyens.

COMBINAISONS D'ATTAQUES

Lorsque vous affrontez un autre guerrier et que la détermination ne faiblit ni d'un côté ni de l'autre, vous devez user de diversion. Frappez en haut, en bas et au centre en utilisant tous les moyens dont vous disposez pour achever l'ennemi. Vous devez apprendre diverses combinaisons et différentes techniques. Elles doivent faire partie de vous, jusqu'au plus profond de votre âme, pour que vous n'ayez plus à réfléchir pour les appliquer. Dans les combats à mains nues, vous attaquez avec les poings et les pieds, en portant des coups répétés sans marquer d'arrêt. Chaque attaque prise individuellement et toutes les attaques prises ensemble doivent être portées à pleine puissance et avec détermination. Aucune demi-mesure n'est permise. Lorsque vous en avez terminé avec une technique, vous devez immédiatement poursuivre avec une autre et une autre jusqu'à ce que vous atteigniez votre but, qui est de détruire l'ennemi.

LA COUPE DE LA FLAMME ET DE L'ÉCLAIR

Une intense concentration doit guider votre attaque. Vous ne pouvez pas perdre de temps, ni bouger inconsidérément. Lorsque les sabres se croisent, votre flamme doit être résolue à pénétrer comme un éclair d'une grande intensité. Vous ne devez jamais renoncer à ce qu'était votre détermination en attaquant. Entrez avec tout le corps. Si vous ne le faites pas, vous offrirez une ouverture à l'ennemi qui en profitera pour vous détruire. Et cela, vous ne le souhaitez pas. Entrez dans l'attaque avec tout ce qui fait de vous ce que vous êtes et lorsque c'est nécessaire, recentrez-vous et recommencez.

LA COUPE DE LA FEUILLE MORTE

Utiliser la stratégie de la feuille morte implique que vous tombiez sur l'ennemi d'une manière subtile mais irrésistible. Tomber sur l'ennemi, c'est attaquer sans idées préconçues, quant à l'issue de la bataille. Ainsi vous pouvez contrôler le sabre de l'ennemi. Cette stratégie nécessite une bonne connaissance des techniques d'esquive et de parade. Si vous ne vous entraînez pas à esquiver et à parer, vous serez toujours contraint de contourner l'attaque de l'ennemi.

Il est important de souligner l'importance des techniques d'esquive et de parade. Mettez autant d'énergie à développer vos techniques d'esquive que vous en mettez à apprendre les techniques de parade et ainsi vous serez capable de parer une attaque et de mettre votre adversaire hors de combat en appliquant de simples blocages.

LE SABRE, UNE EXTENSION DU CORPS

L'idée qui prime au combat est la nécessité de frapper l'ennemi pour le détruire. Il est absolument indispensable que vous appreniez à attaquer avec tout votre corps, en utilisant le sabre comme une extension de votre corps, au même titre que les bras et les jambes. Lorsque vous attaquez avec toute votre âme, il vous reste peu d'énergie pour penser à surprotéger telle ou telle partie de votre corps. Vous êtes concentré sur votre attaque et n'êtes plus concerné par le fait que vous risquez d'être blessé en représailles. Il y a un temps où vous devez rassembler votre esprit avant d'exploser et un temps où vous devez exploser avant de concentrer. Tel est de concept du yin et du yang dans l'attaque. Il n'existe pas un unique moyen d'attaquer et de détruire l'ennemi. Ayez recours aux combinaisons, aux attaques directes, aux attaques multiples, etc., et à tous les artifices de votre art, que ce soient les frappes ou les coups de poing et les coups de pied. Détruisez l'ennemi par n'importe quel moyen et par tous les moyens.

DIFFÉRENCES ENTRE COUPE ET COUP EN TERME D'ATTAQUES

Vous devez être parfaitement résolu à pourfendre l'ennemi. Porter un coup de sabre peut être comparé à frapper l'ennemi avec le poing. Il ne s'agit pas vraiment d'une attaque déterminante, ni décisive. Couper signifie que vous êtes fermement décidé à détruire l'ennemi en un seul assaut. Il est extrêmement important de comprendre la différence. Quelle que soit la détermination de l'ennemi, vous devez vous engager dans l'attaque de toutes vos forces et avec toute votre autorité. Si vous ne le faites pas, l'ennemi saura que vous êtes faible et n'aura aucun mal à vous vaincre. Il n'existe qu'une forme et qu'une possibilité, la coupe. Lorsqu'il frappe au lieu de couper, le sabre ne fait que révéler votre manque de compétence et le peu de confiance que vous avez dans vos capacités.

DE L'ATTITUDE DU SINGE TIMIDE

Le singe timide n'ose pas tendre les bras pour atteindre sa cible. La volonté ne participe pas de l'intention d'attaquer. Cette attitude se retrouve souvent chez ceux qui ne comprennent pas la stratégie d'une attaque. Le singe timide n'est pas sûr de lui, pensant surtout aux risques qu'il court d'être blessé. En mettant plus d'une longueur de bras entre vous et votre adversaire, vous ne faites que démontrer le peu de confiance que vous avez dans vos propres capacités.

La volonté de détruire l'ennemi en une coupe est renforcée par la volonté « d'entrer » dans l'attaque. Si ce n'est pas le cas, votre esprit est faible et votre détermination insuffisante. Vous devez réduire la distance qui vous sépare de l'ennemi et cela, malgré toutes ses démonstrations de force.

COLLER A L'ENNEMI COMME DE LA GLU

Coller à l'ennemi comme de la glu signifie ne jamais laisser le moindre espace s'installer entre vous et votre ennemi au cours du combat. Lorsque vous êtes engagé dans l'attaque et que l'ennemi bat en retraite, vous devez continuer votre attaque et vous assurer que vous l'avez proprement achevé. Ce serait marquer une hésitation que de ne pas le faire, une hésitation qui permettrait à l'ennemi de revenir sur vous et éventuellement de vous vaincre. Si vous ne collez pas à l'adversaire comme de la glu, c'est que vous manquez de détermination. Vous devez travailler votre volonté pour être capable psychologiquement de continuer et d'écraser l'ennemi malgré les risques de blessures ou de mort. Si la tête prend le dessus sur le corps, vous mettez tout votre équilibre en danger en offrant à l'ennemi une cible sur laquelle faire feu. L'esprit doit diriger le mouvement pour que la tête, les jambes et le corps ne fassent plus qu'un.

VOUS FAIRE PLUS GRAND QUE VOUS N'ÊTES

Cettc capacité fait la force du guerrier. Tendez votre esprit au-dessus et derrière le corps et l'esprit de l'ennemi. Ne rentrez pas la tête dans les épaules sous l'effet de la peur et ne combattez jamais sans garder le corps droit. C'est la preuve de votre résolution, de votre volonté d'aller de l'avant jusqu'à détruire l'ennemi. La première victoire se fait sur l'esprit de l'ennemi, ensuite viendra le combat victorieux des mains ou du sabre. Redressez le corps, tendez l'esprit. Partez au combat avec force résolution et détermination.

AVOIR UNE ATTITUDE OPINIÂTRE

Restez près de votre adversaire et ne le laissez pas mettre de la distance entre vous, ce qui lui donnerait de la place pour manœuvrer et une chance de porter une contre-attaque victorieuse contre vous. Ne perdez pas votre sang-froid. Ne laissez pas l'ennemi s'éloigner de vous. Ne vous accrochez pas à l'adversaire, ce qui conduirait à un rapport de force et risquerait de vous ôter la volonté de porter le coup décisif.

FRAPPER PROFONDÉMENT AVEC TOUT LE CORPS

Frapper profondément avec tout le corps signifie pénétrer droit sur le visage de l'ennemi avec résolution et détermination. Lorsque vous vous servez de votre corps pour entrer, vous pouvez faire perdre son équilibre à l'adversaire, ce qui vous permet de porter l'attaque à son terme. Pour comprendre pourquoi il est nécessaire de « balayer » le corps de l'ennemi en lui faisant perdre l'équilibre, entraînez-vous en vous concentrant sur les principes qui suivent. Votre esprit doit pénétrer l'esprit de l'adversaire, en utilisant son corps pour entrer avec l'épaule et placer la frappe au plus profond de son être. Vous devez vous concentrer et dès que l'ennemi perd ses appuis, vous devez frapper avec détermination pour le tuer en une seule coupe dont l'exécution devra être parfaite.

TROIS MANIÈRES DE CONTRER STRATÉGIQUEMENT UNE ATTAQUE

Les trois techniques qui permettent de contrer une attaque s'appliquent au combat au sabre comme au combat à mains nues. Une technique consiste à bloquer l'attaque en faisant dévier le sabre de l'adversaire pour porter une frappe droite dans les yeux de l'ennemi. La deuxième nécessite une esquive latérale, la feinte sur le côté permet d'entrer une frappe de l'autre côté du corps de l'ennemi. La troisième demande à simuler une frappe alors que l'on pique droit au visage de l'ennemi dans une attaque puissante. Vous devez attaquer pour couper plutôt que pour frapper. Il peut s'avérer nécessaire d'attaquer l'ennemi avec le sabre ainsi qu'avec la main libre. Dans ce cas, vous devez rester collé à l'ennemi et ne lui laisser aucune chance de contre-attaquer.

PIQUER AU VISAGE

Lorsque vous piquez au visage, l'ennemi le voit et essaie de se protéger par tous les moyens, utilisant pour ce faire différentes techniques. C'est à la seconde même où vous le voyez bouger que vous devez charger pour lui porter une attaque décisive au corps ou même au visage. Dès qu'il montre un signe d'hésitation, vous pouvez atteindre n'importe quelle partie de son corps. Ce qui importe est de continuer l'attaque sans tenir compte du point d'impact du sabre. Viser une partie du corps et en atteindre une autre est l'un des objectifs d'un entraînement rigoureux.

PIQUER AU CŒUR

Au combat, il est toujours préférable d'entrer droit. Entrez sans hésiter, quelle que soit la situation. Vous ne devez pas hésiter lorsque vous portez une attaque. La moindre hésitation aura pour conséquence de donner à votre adversaire l'opportunité de contourner votre attaque pour contre-attaquer et vous battre. Il sera parfois nécessaire que vous appliquiez d'autres méthodes pour détruire l'ennemi, comme de porter votre attaque de la gauche ou de la droite ou en suivant une trajectoire haute, basse ou moyenne, mais dans la plupart des cas, il est préférable d'attaquer droit. N'oubliez pas ce point lorsque vous réfléchirez en terme de méthodologie.

HUMILIER L'ENNEMI EN BLOQUANT ET EN CONTRANT

En combat réel, les adversaires portent de nombreuses attaques. Il est très rare de voir un combat se terminer après une attaque et une contre-attaque. Lors de l'entraînement, vous devez vous attacher à réaliser successivement attaques et contre-attaques pour apprendre à déstabiliser l'adversaire jusque dans sa volonté. Il est indispensable que le coup fatal devienne l'extension naturelle de votre blocage. Vous développerez ce concept en pratiquant inlassablement les exercices formels. Vous devez pratiquer avec l'intensité nécessaire en combat réel. Si ce n'est pas le cas, vous transformerez votre pratique en jeu et vous serez inévitablement vaincu.

LA FRAPPE DE CONTRE-ATTAQUE

Au combat, il est important de percevoir le rythme. En suivant les mouvements de l'adversaire et en étudiant sa manière de préparer une attaque, il vous est possible de comprendre ce qui vous permettra de le battre et comment ne pas être vaincu. L'idée est d'utiliser l'attaque de l'ennemi comme le tremplin de votre propre coupe. Vous devez comprendre que le rythme est un élément déterminant de la cadence. Lorsque vous ralentissez votre cadence, vous devenez imbattable car votre attaque ne peut être hésitante, ne serait-ce qu'un instant. Vous devez penser à l'action comme à un mouvement unique et non comme à l'addition de deux techniques séparées, le blocage et la contre-attaque. Réfléchissez sérieusement pour comprendre ce qu'une attaque implique réellement.

LES ENNEMIS CONTINUENT A ARRIVER

Ce principe est très important. Lorsque vous combattez contre plus d'un adversaire, vous devez utiliser vos deux sabres et frapper rapidement et avec force, sans marquer de temps d'hésitation. Vous devez vous tourner vers l'adversaire le plus fort en premier, sans tenir compte du comportement des autres. Avec la pratique, vous saurez reconnaître l'attaquant le plus fort.

Vous devez vous déplacer sans cesse dans toute la zone de combat. Il est indispensable que vous brouilliez les idées de la « bande » en fonçant constamment sur eux et en les maintenant tous du même côté. Vous ne devez jamais renoncer à les pourchasser pour ne pas leur donner l'occasion de vous encercler. Ils ne sont généralement pas préparés à ce type de réaction et vous pourrez les contrôler, si vous n'oubliez pas de garder l'esprit lucide. C'est d'une manière cohérente que vous pourrez les détruire, les uns après les autres. Vous devez continuer à les attaquer jusqu'à ce que le dernier soit à terre et que vous soyez assuré qu'il ne se relèvera pas pour lancer une nouvelle attaque. Si vous ne réussissez pas à prendre le dessus et que vous tombez sous leur contrôle, vous ne pourrez qu'être battu. Cela ne doit jamais se produire. Ils sont plusieurs contre vous, vous devez équilibrer les forces aussi vite que possible. Pour cela, concentrez votre pratique pour passer d'une technique directement à une autre, sans marquer d'hésitation. Entraînez-vous à respirer correctement afin de pouvoir acquérir la résistance dont vous aurez besoin. En vous déplaçant constamment, vous leur laissez peu de choix quant à la trajectoire de leurs attaques, ce qui vous permettra de les contrôler et de les vaincre rapidement, les uns après les autres. Vous devez vous battre comme si vous aviez la tête vide. Ne pensez pas à ce qu'il pourrait advenir avant d'en avoir fini avec le combat. Il serait absurde de réfléchir alors que vous avez besoin de toute votre tête pour atteindre votre objectif prioritaire qui est de détruire les ennemis. Ne pensez qu'à détruire l'ennemi et la technique découlera d'elle-même.

PRENDRE L'AVANTAGE AU COURS DU COMBAT

La pratique est le seul moyen qui vous est donné de comprendre ce qu'est la voie du guerrier. La recherche permanente de la perfection de l'être au travers de la pratique d'un art est l'unique chemin de l'illumination. Les mots ne servent qu'à conduire vos pas à l'entrée de ce chemin. Pour atteindre la maîtrise et la perfection, vous devez chercher à vous améliorer par tous les moyens dont vous disposez, et pour cela il vous faudra comprendre la voie que vous vous êtes choisie.

UNE SEULE ET UNIQUE ATTAQUE

Considérez le fait que toutes vos victoires doivent résulter d'une seule frappe. Vous devez comprendre que l'unique raison de cette frappe est la mort de l'ennemi. La réponse évidente à toute chose est la pratique, toujours plus de pratique.

Plus vous pratiquez, plus « l'esprit de la chose même » se révèle à vous. Quelle que soit la raison qui ait déterminé votre volonté de devenir un guerrier, vous devez comprendre la responsabilité que vous avez par rapport à votre art et par rapport à vous-même. Ils ne font et ne sont qu'un.

COMPRENDRE L'ESPRIT DE L'UNITÉ GUERRIER ET SABRE

L'objectif premier du *Livre de l'Eau* était de vous apprendre à devenir un guerrier en appliquant ma méthode de la stratégie. Il est important que vous en compreniez chaque ligne. Ce sont les principes fondamentaux qui vous guident sur la voie du guerrier et vous permettent de pratiquer la stratégie.

Apprenez sérieusement les cinq trajectoires d'attaque et les cinq stratégies de combat. Ces principes de stratégie s'appliquent que vous combattiez contre un homme ou contre plusieurs adversaires. Prenez le temps d'étudier le rythme et la cadence avec sérieux. La stratégie est la même dans tous les cas. Rappelez-vous que vous devez tuer l'ennemi de façon correcte. Dans le cas contraire, ce ne serait plus la voie du guerrier. Continuez à étudier ma voie de la stratégie et avec le temps vous comprendrez certainement ce qui lui donne son sens et elle deviendra une partie de vous-même. Elle deviendra votre esprit.

Ainsi s'achève le *Livre de l'Eau*.

火

Le Livre du Feu

Le *Livre du Feu* s'attache à décrire, pour qu'elle soit parfaitement comprise, la différence entre le sabre en bambou, utilisé à l'entraînement et le sabre tranchant, d'usage au combat. Bien qu'il soit extrêmement important de maîtriser la technique, il ne faut jamais se laisser leurrer. La plupart des apprentis guerriers préfèrent à tord se concentrer sur la seule maîtrise de leur art et limitent leurs compétences à certains mouvements. Les apprentis guerriers, qui ne font que revêtir les attributs de leur profession pour parader en fanfaronnant, ne comprennent rien à la stratégie. Ils négligent l'importance du mental, pensant que l'esprit viendra à eux sans autres efforts. Pour élargir son l'esprit, il faut approfondir son travail et méditer avec son cœur et son âme. Ne pas le faire serait comme jouer de la musique, note après note, sans mettre l'accent sur la « sensibilité » particulière de la pièce devant être exécutée. C'est ainsi que la plupart des guerriers ne font qu'utiliser des trucs. La voie du guerrier est emplie d'âme et de sensibilité. Sans cela, le guerrier est potentiellement « mort », même s'il donne une apparence de force.

Le seul moyen de comprendre ce qu'implique tuer un ennemi au combat est de tuer un ennemi au combat. Cependant, comme cela peut s'avérer difficile à réaliser au moment requis, il est indispensable de bien s'entraîner. Ce n'est qu'en vous consacrant à l'étude de la stratégie que vous serez capable de déterminer ce qui fait la force de votre ennemi et que vous pourrez réellement comprendre le sens de la vie et de la mort en temps de guerre. Vous devez toujours vous entraîner avec l'intention de tuer l'ennemi. Lorsque cette volonté est claire, les ennemis potentiels ne sont pas tentés de se mesurer à un guerrier qui possède la résolution et la détermination de celui qui n'est pas concerné par ce qui peut advenir de l'ennemi. En général, ils ne comprennent pas pourquoi il est absurde de chercher querelle à un ennemi sans être résolu à le tuer. Pour comprendre la vie et la mort, vous devez vous retrouver dans une situation où votre vie est réellement en danger. Il est nécessaire de toujours approfondir ses connaissances des armes et la manière de les utiliser en combat réel. Dans le même temps, il vous faut, même pendant l'entraînement, chercher la perfection de l'âme en devenant capable de faire face à la mort de l'ennemi.

L'entraînement vous permet de percevoir les motivations qui vous poussent à être un guerrier et à perfectionner votre technique. C'est de cette manière que vous devez étudier votre art.

Quiconque souhaite sincèrement maîtriser l'art de la stratégie parvient à maîtriser l'art de la stratégie. Au travers d'une pratique constante, vous vous libérez de vos idées préconçues quant au comment et au pourquoi des choses. Lorsque vous apprenez une technique et que vous y mettez tout votre « cœur », vous découvrez bientôt le meilleur moyen d'en tirer avantage. Cela s'applique aux combats à mains nues également. Dans vos relations quotidiennes avec les hommes, vous découvrez que vous avez acquis la capacité de contrôler les événements et de rester sur vos positions sans avoir à vous soumettre aux caprices des autres. Il va sans dire que vous devez avoir le courage de vos opinions et le courage d'agir en conséquence. Sans ce « courage » et cette capacité « d'agir », vous deviendrez un autre de ces pions et serez facile à vaincre. C'est la seule manière d'apprendre les principes de la stratégie. Par un entraînement constant, vous pourrez peut-être un jour être considéré comme un homme au pouvoir spirituel hors du commun.

LE LIEU DU COMBAT

Tirez avantage de toute situation et à tout moment. Dans les combats en extérieur, essayez de vous placer dos au soleil. De cette manière, vous prendrez l'avantage sur un adversaire dont le champ de vision et les perceptions se trouveront limités. Dans les combats à l'intérieur, gardez une porte ou une issue derrière vous pour pouvoir vous échapper. Il arrive quelques fois que vous soyez débordé, vous devez alors disposer d'une solution de repli. Placez-vous toujours de manière à dominer votre adversaire du regard. Dans les combats sans arme, il est possible de s'échapper de n'importe quel endroit dès que cela devient nécessaire. Il n'y a rien d'humiliant à fuir le combat lorsque la situation vous échappe et que vous ne pouvez pas gagner. Fuyez, mais assurez-vous d'avoir prévu le moyen de vous échapper. Chaque fois que vous pénétrez dans une nouvelle zone de combat, cherchez le meilleur endroit. Le même principe s'applique lorsque vous prenez place à une table. Vous devez choisir le siège le plus avantageux. Celui qui est placé au bon endroit contrôle la situation. Si la place est déjà prise, essayez de vous en approcher le plus près possible, par la droite ou par la gauche, en vous laissant guider par vos perceptions.

Que vous combattiez un ennemi armé ou un ennemi sans arme, gardez-le toujours sur la défensive. Pourchassez l'ennemi avec votre corps et votre esprit. C'est une excellente stratégie. C'est sans le moindre effort que vous vous offrez ainsi des cibles ; mais vous devez avoir le courage d'entrer et de tuer l'ennemi sans attendre. Vous devez être totalement déterminé, lorsque vous combattez, si vous ne voulez pas prendre le risque d'être vaincu à votre tour sans la moindre difficulté. En plaçant constamment l'ennemi devant des difficultés, vous le forcez à résoudre plusieurs problèmes à la fois, ce qui vous donne l'avantage et l'opportunité de le tuer rapidement.

Lorsque vous mettez l'ennemi en mauvaise posture, ne le laissez pas reprendre ses esprits au risque de vous battre. Lorsque l'ennemi est acculé, vous devez entrer pour le tuer. Imprégnez-vous de cette stratégie.

TROIS MÉTHODES POUR PRENDRE L'INITIATIVE ET CONTRÔLER L'ENNEMI

La méthode la plus sûre est de lancer votre attaque pour le déstabiliser et l'obliger à être sur la défensive. La seconde méthode consiste à reculer d'un pas sur son attaque en le contraignant à venir sur vous. La troisième méthode s'applique dans le cas d'une attaque simultanée, vous devez avoir un mental plus fort. Il n'existe que ces trois possibilités. Soit vous prenez l'initiative, soit vous le laissez entrer pour reprendre l'initiative, soit vous forcez l'initiative à n'importe quel moment. C'est l'essence même du combat. Une ferme détermination est nécessaire lorsque vous combattez. Pour vaincre un ennemi, vous devez contrôler la situation, quelle que soit la méthode utilisée. Si vous ne contrôlez pas l'ennemi, l'ennemi prendra le contrôle sur vous.

PREMIÈRE MÉTHODE POUR CONTRÔLER L'ENNEMI

En maintenant la pression sur l'ennemi, vous le gardez en permanence sur la défensive. Il est indispensable que vous restiez calme lorsque vous prenez l'initiative d'une attaque. Vous devez donner l'impression de vouloir le déborder et le déstabiliser mentalement. Cela vous permettra de contrôler la situation et de réussir votre attaque, dont l'objectif est de détruire l'ennemi. Vous pouvez paraître fort, mais usez de ruse pour porter votre attaque. Peu importe votre manière de faire pourvu que vous soyez conscient de ce que vous faites. Si nécessaire, changez de rythme ou de cadence. Vous pouvez paraître irrésolu, mais chargez avec calme et détermination lorsque vous approchez de l'ennemi. Vous pouvez tenter de faire croire à l'ennemi que vous lui êtes supérieur, mais dès que l'ennemi découvre la supercherie, entrez rapidement pour le tuer. Il y a des moments où, bien que vous soyez résolu à entrer droit sur l'ennemi, vous choisissez d'attendre momentanément pour ensuite entrer subitement.

DEUXIÈME MÉTHODE POUR CONTRÔLER L'ENNEMI

Ne laissez pas l'ennemi vous désarçonner par son apparente force et sa technique. Vous devez rester calme à tout moment, c'est de cette manière que vous pourrez contrôler son attaque. Lorsque l'attaque arrive, faites en sorte de « fausser » la trajectoire de l'ennemi. Par exemple, esquivez à gauche pour frapper à droite. Il est également possible de pressentir l'attaque et, à l'instant où l'ennemi bouge, de charger avec une force, une puissance et une volonté décuplées.

TROISIÈME MÉTHODE POUR CONTRÔLER L'ENNEMI

Ne vous laissez jamais désarçonner par l'ennemi. Vous pouvez y parvenir en gardant un mental fort et une détermination sans faille. Quelle que soit la manière d'approcher de votre ennemi, vous ne devez penser qu'à le pourfendre. Si l'ennemi attaque calmement, mais de toutes ses forces, vous ne devez faire qu'un avec l'attaque pour le frapper rapidement, avec encore plus de détermination.

Sans une pratique constante, il est difficile de transcrire avec les mots le véritable sens de la pensée. Pour arriver à comprendre quelque chose qui paraît évident, vous devez sans arrêt vous reportez au sens des mots. Vous ne devez jamais cesser de pratiquer les techniques. Lorsque vous pensez avoir compris un principe, vous ne faites en réalité que l'approcher. Pour avancer dans la compréhension des choses, vous devez lire et lire encore. Chaque fois que vous lisez et que vous pratiquez quelque « chose », « l'esprit de la chose même » se révèle un peu plus à vous. L'étude est l'entreprise de toute une vie. C'est pourquoi il est dit que « le guerrier comprend enfin qu'il est un guerrier quand il ne se préoccupe plus d'être un guerrier ». La première chose à comprendre est le fait qu'il ne faut avoir aucune hésitation lorsqu'il s'agit de tuer l'ennemi.

PRENDRE L'ENNEMI A LA GORGE

Prendre l'ennemi à la gorge, c'est ne jamais l'autoriser à reprendre l'avantage sur vous de quelque manière que ce soit. Vous pouvez être convaincu que l'ennemi pense la même chose ; soit vous contrôlez l'ennemi, soit il vous contrôle. Vous devez bien comprendre l'importance de ce concept. Vous devez aussi comprendre que la raison qui pousse un ennemi à vous combattre, c'est qu'il pense pouvoir vous vaincre. Vous devez réagir instantanément à l'attaque d'un ennemi. Cela n'est possible qu'avec un entraînement régulier et appliqué. Si vous admettez ce principe, alors vous serez capable de pressentir une attaque imminente et de réagir de façon appropriée en tuant l'ennemi avant qu'il ne vous tue. La principale clé de mon enseignement est l'entraînement et la contemplation de la voie du guerrier, qui se doivent d'être l'unique préoccupation de votre vie. Cela peut sembler ne laisser aucune place pour autre chose, mais l'inverse est vrai. Lorsque vous vous consacrez à une chose en particulier, toutes les autres trouvent leur place, car vous ne vous autorisez pas à être perturbé par les caprices des autres. La force du courage que vous mettez à agir selon vos convictions est très importante à cet égard. Il est très dur de consacrer sa vie à quelque chose, si rien ne vient compenser la perte des petits plaisirs de la vie. Enfin, si vous poursuivez la perfection au travers d'une voie particulière, c'est le plaisir de « l'esprit de la chose même » qui vous sera accordé.

Vous devez continuer à étudier et à pratiquer avec acharnement, en gardant une foi inébranlable dans ce qui est votre idéal. Vous avez choisi d'être un guerrier pour des raisons qui vous sont personnelles. Quelle que soit la voie que vous avez choisie, si vous croyez réellement aux principes qui vous guident, vous pourrez atteindre la perfection. Elle ne vient pas du jour au lendemain. Lorsque vous aurez compris cela, vous serez un maître de la stratégie.

TRAVERSER LE RAVIN

Avoir le courage de combattre quand le moment est venu et que l'endroit s'y prête, c'est ce que j'entends par traverser le ravin. Il est indispensable d'avoir le courage de vos convictions et le courage d'agir en accord avec elles. Telle est la stratégie qui permet de traverser le ravin. Si vous avez toujours conscience de votre environnement, vous serez toujours capable de traverser au bon moment. Cependant, les hommes ne sont pas parfaits et ne peuvent pas maîtriser tous les instants de leur vie, malgré le temps passé, les efforts et l'énergie déployés à courir après la perfection. La vertu de la perfection est qu'elle se trouve toujours à la fois à distance et à portée de la main de l'homme. C'est là son intérêt. Si la perfection était facile à atteindre, elle n'aurait aucune valeur — et il n'y aurait plus de raison de vouloir la conquérir. C'est fort de cet éclairage que vous devez toujours chercher à connaître les forces et les faiblesses qui sont les vôtres et celles de votre ennemi. Soyez toujours conscient de la manière la plus simple d'accomplir les choses. Ne cherchez pas à faire quelque chose de difficile sous prétexte de gagner de la crédibilité aux yeux des autres.

CONNAÎTRE LE MOMENT PROPICE

Que ressentez-vous à la pensée d'aller au combat ? Votre esprit est-il toujours serein ? Vous sentez-vous fort ? Vous sentez-vous légèrement mal à l'aise ? Il est important que vous sachiez comprendre ce qui se passe en vous dès lors qu'il s'agit de combattre. Il ne faut cependant pas oublier que l'ennemi a les mêmes pensées et les mêmes préoccupations que vous. Plus vous en saurez sur l'ennemi, mieux vous serez armé pour le combattre. Pour gagner une bataille, il faut être capable de discerner ce qui fait la force ou la faiblesse de l'ennemi. Cette faculté de discernement viendra avec une pratique dont l'unique objet sera de détruire l'ennemi, en sachant où vous en êtes à chaque instant et en comprenant votre relation au combat. Connaître le moment propice signifie que vous êtes instantanément capable d'évaluer une situation et d'agir en conséquence. Lorsque vous aurez acquis cette faculté, vous n'aurez aucun mal à vaincre l'ennemi car vous serez réellement prêt à entrer dans la bataille, en parfaite connaissance des compétences et des qualités de chacun.

MARCHER SUR LE SABRE DE L'ENNEMI

Il est difficile d'attaquer l'ennemi si vous êtes occupé à dégainer votre arme pour combattre. Vous devez bien comprendre qu'il est essentiel que vous attaquiez l'ennemi au moment même où ce dernier vous attaque, afin de marcher sur son sabre pour lui faire perdre l'équilibre et l'avantage. Vous devez entrer droit dans l'attaque et battre l'ennemi avant même qu'il ait eu le temps de réaliser ce qui lui arrivait. Il s'agit de la stratégie du « débordement ». Ne voulez-vous pas que l'ennemi s'arrête et réfléchisse à ce qu'il était en train de faire au lancement de son attaque ? Bien sûr que vous le voudriez et il n'est pas absurde de penser qu'il en est de même pour lui. Aussitôt que vous pressentez une attaque, vous devez réagir en ripostant dans l'instant dans le seul but de tuer l'ennemi, sinon vous lui donnerez l'opportunité de se reprendre et de revenir dans l'attaque. Vous devez absolument parvenir à déborder l'ennemi en lui rendant immédiatement la pareille. Quand l'ennemi tente de vous attaquer, et que vous marchez sur son sabre, vous pouvez l'écraser psychologiquement car vous connaissez alors ses points forts et ses points faibles. Vous devez avancer sur lui avec votre corps et votre esprit et continuer jusqu'à ce que vous ayez gagné le combat en le tuant.

DÉTRUIRE LE MENTAL DE L'ENNEMI

Selon l'ascendant que vous prenez sur votre ennemi, vous pouvez ou non le faire craquer sous la pression de votre attaque. Ce but peut être atteint en l'obligeant à des déplacements désordonnés, brisant son rythme et sa cadence. À l'instant où l'ennemi se trouve devant l'obligation de se ressaisir, il devient vulnérable. C'est à cet instant que vous devez le tuer sans penser à rien, si ce n'est à le détruire. Vous devez affronter l'ennemi avec un esprit résolu. Vous ne devez pas relâcher la pression, sinon vous lui donnerez l'occasion de reprendre ses positions pour tenter une seconde attaque plus puissante encore. Lorsque vous entrez pour tuer, entrez pour tuer. Ne renoncez pas en faisant preuve de faiblesse. Il s'agit là d'une question de vie ou de mort et cela vous coûterait la victoire.

DEVENIR L'ENNEMI

Ne vous laissez jamais aller à surestimer l'adversaire, soyez absolument ferme. Ne vous laissez pas convaincre que l'ennemi est plus fort que vous. N'acceptez pas l'éventualité d'un ennemi qui serait meilleur que vous, de quelque manière que ce soit. Si vous connaissez la voie du guerrier, vous savez ce qu'est la voie du guerrier. La voie du guerrier ne vous autorise pas à vous dévaloriser en vous considérant inférieur. Soit vous êtes le meilleur, soit vous n'êtes pas le meilleur. Si vous êtes le meilleur, vous gagnerez ; si vous ne l'êtes pas, vous perdrez. Il n'y a pas à ergoter. Vous devez également connaître les limites de ce que vous avez compris. Il faut se connaître comme on connaît l'ennemi. Pour devenir l'ennemi, représentez-vous comme l'ennemi de votre ennemi. Si vous comprenez la stratégie, vous saurez comment vaincre l'ennemi. Réfléchissez à tout ceci jusqu'à ce que cela devienne plus clair pour vous.

DESSERRER LA SAISIE DES QUATRE MAINS

Lorsque vous êtes de force égale avec l'ennemi, tant physique que mentale et que vous ne pouvez faire bouger l'autre, il existe une ouverture dont les conséquences peuvent être mortelles. Il s'agit de la saisie des quatre mains. Il est absurde de se battre pied à pied sans pouvoir conclure et tuer l'ennemi. En cas d'impasse, introduisez autre chose dans le combat qui fera la décision. Le combat n'a rien à voir avec l'obstination ou l'orgueil. Si vous devez changer de stratégie d'attaque, n'hésitez pas. Changez la cadence, modifiez le rythme, tentez une autre trajectoire. Peu importe qui est plus fort ou plus rapide. Ce qui compte, c'est d'atteindre son objectif. La voie du guerrier veut que l'ennemi soit pourfendu et meurt sans délai. Pour cela vous devez être fermement décidé à réussir et vous devez continuer à perfectionner votre technique. Un jour peut-être vous comprendrez comment être efficace, sans angoisse ni tension. Trompez l'ennemi, puis tuez-le, même si la technique n'a rien d'orthodoxe.

SE DÉPLACER COMME UNE OMBRE

Quelques fois, il est impossible d'entrer droit sur l'ennemi et il est nécessaire de faire une attaque fictive avant d'attaquer avec puissance. Si l'ennemi est très fort, il peut ne pas révéler ce qui se cache derrière sa détermination. Vous serez obligé, alors, d'avoir recours à une « feinte » pour l'obliger à se découvrir et vous permettre de percevoir ses points forts et ses points faibles. Vous devez toujours rester conscient de ce qui vous entoure pour éventuellement en tirer avantage. Si vous créez l'ouverture, vous devez absolument vous y engouffrer sinon vous perdrez « l'esprit de la chose ». Si vous ne le faites pas en entraînement, vous serez bientôt incapable de tirer avantage de la faiblesse de votre ennemi et deviendrez un guerrier totalement inefficace. Vous perdrez le sens de la voie. Réfléchissez-y.

ÉTOUFFER L'OMBRE

Ce que j'entends par étouffer l'ombre, c'est comprendre les points forts de l'ennemi et percevoir sans hésitation ses intentions. Si vous pouvez voir ce que l'ennemi prépare, alors comment pouvez-vous échouer et ne pas le vaincre ? C'est seulement en ne tirant pas avantage de la situation que vous risquez à votre tour d'être battu. C'est par un entraînement constant que vous pourrez comprendre ce qui se cache derrière cette stratégie. Il n'y a rien de mystique dans la stratégie. Si vous montrez à l'ennemi que vous savez ce qu'il prépare, il peut être amené à changer pour adopter une trajectoire d'attaque qui vous sera plus favorable. Lorsque vous le voyez changer de posture, entrez immédiatement pour lui porter un coup mortel. Prenez-le à son propre rythme par votre rythme. Prenez-le à sa propre trajectoire par votre trajectoire. Contrôlez la situation à tout moment en restant conscient de ce qui vous entoure. Lorsque vous étudierez la voie, vous comprendrez bientôt que tout ce que je dis a un caractère pratique et fonctionnel. Les problèmes résultent du fait que vous ne comprenez pas ce qu'est véritablement la voie du guerrier et que vous ne profitez pas des opportunités qui vous sont offertes.

IMPOSER VOTRE ATTITUDE

Les attitudes sont contagieuses. Imposer votre attitude à l'ennemi, c'est l'obliger à penser en des termes qui vous sont favorables. Lorsque vous êtes capable d'apprécier vos propres compétences, vous êtes capable de les transmettre aux autres de la même façon qu'un professeur peut transmettre des idées et des enseignements qu'ils soient justes ou faux. Si vous vous montrez agité devant l'ennemi, il deviendra plus calme et attaquera avec toute la détermination et la volonté nécessaires pour vous tuer. Votre cœur et votre esprit doivent être convaincus du succès, si vous voulez être capable de faire le tri parmi les vrais et les fausses informations. Dans le cas contraire, vous devrez prendre plus de temps pour l'étude, si tel est votre souhait. Ne vous laissez pas impressionner par l'attitude de l'adversaire, vous devez rester calme même si l'ennemi est le premier à attaquer. Si vous ne vous contrôlez pas, vous serez certainement contrôlé par l'autre. À la guerre, il n'est question que de vaincre l'ennemi. La force et le courage de vos convictions vous feront traverser n'importe quelle situation. Vous devez en être convaincu. Sans l'étude, comment pouvez-vous espérer devenir un jour votre propre maître ? Cela vient avec le temps et la pratique, l'étude et un total dévouement à son art. C'est ce que vous révèle « l'esprit de la chose même ». Lorsque vous avez imposé votre attitude à quelqu'un d'autre, cette personne est vraiment sous votre contrôle. Telle est la voie du guerrier. Lorsque vous n'êtes plus capable de discerner le vrai du faux, alors vous devenez vraiment vulnérable. Ne vous précipitez pas dans l'étude en espérant comprendre ce que les maîtres savent. Dans le cas d'un ennemi, il est important qu'il soit sous votre contrôle, si vous ne voulez pas être battu au combat.

FAIRE PERDRE L'ÉQUILIBRE

Un guerrier peut perdre son équilibre mental face au danger, à la surprise ou aux difficultés. Lorsque vous attaquez, vous devez le faire par surprise, sans signes avant-coureurs. Une fois que l'ennemi a perdu l'équilibre, votre attaque est pratiquement impossible à arrêter. Si vous campez sur vos positions dans la rigidité, votre esprit sera facile à discerner et votre manque de souplesse vous conduira à la défaite. La flexibilité est une qualité primordiale. Les choses ne se passeront pas toujours comme vous le souhaitez, et cela malgré l'expérience, et votre volonté de maîtriser votre propre existence. Alors, comment pouvez-vous garder toujours la même posture ? Dans les combats à grande échelle, il faut attaquer là où l'ennemi ne vous attend pas. De même, dans un duel, donnez-vous une apparence qui n'ait rien à voir avec votre attaque. Ne laissez jamais l'ennemi pénétrer votre esprit. Il est facile de guider un cheval quand on sait comment tenir les rênes. Lorsque vos ennemis sont abusés, il vous est possible de contrôler n'importe quelle situation parce qu'ils attendent une chose et que vous les accueillez avec une autre. C'est comme de faire une feinte de poing pour asséner un coup de pied.

EFFRAYER L'ENNEMI

La différence entre un cri perçant mais timide, poussé dans l'intention d'effrayer l'ennemi et un cri résolu, est la même qu'entre faire le fanfaron et être déterminé à attaquer dans l'intention de tuer. Si vous criez en permanence, vous serez perçu comme un singe hurleur et non pas comme un homme d'action. Cependant, si vous marquez le combat d'une présence forte et puissante et que vous portez une attaque en l'accompagnant d'un cri énergique, votre ennemi en sera effrayé et vous vaincrez sans problème. Vous vaincrez avec une puissance résolue et non de fausses apparences. Lorsque vous avez réussi à effrayer l'ennemi et qu'il perd le rythme, il vous est facile d'entrer et de tuer. Utilisez votre voix, votre corps et votre sabre pour l'effrayer. Effrayer l'ennemi signifie lui faire perdre sa confiance. Lorsqu'il aura perdu son équilibre intérieur, vous trouverez une ouverture dans ses défenses et vous pourrez entrer pour tuer si vous en êtes capable.

DÉBORDER

Si le combat dure au point qu'aucun des deux protagonistes ne trouve l'ouverture pour porter le coup fatal, vous prendrez l'avantage en changeant soudain de stratégie et en entrant une attaque implacable. Cela s'appelle « déborder » l'ennemi. Si vous préférez vous replier pour essayer de vous reprendre, vous offrirez à l'ennemi l'occasion d'en faire autant, et tout sera à recommencer.

Lorsque vous combattez, vous n'êtes pas dans un tournoi où l'important est de durer le plus longtemps possible sans donner d'ouverture à l'adversaire.

C'est pourquoi vous devez vous entraîner sans relâche pour acquérir le mental qui vous permettra d'attaquer même dans les conditions les plus adverses. Il n'est pas question ici de vos compétences techniques, mais plutôt de votre désir de vaincre avec l'esprit du guerrier — un état que vous ne pouvez atteindre qu'après avoir compris que la voie est la seule réalité pour vous et pour vous seul.

ROGNER LES ANGLES

Quelques fois vous devez faire certains sacrifices dans votre attaque pour affaiblir l'ennemi et réduire ses défenses. Si vous trouvez difficile de pénétrer un bon ancrage, cherchez les endroits où l'ancrage est moins solide et vous laisse l'opportunité d'entrer. Il existe des points faibles dans toutes les armures. Si vous continuez à rogner les points faibles de l'armure de votre ennemi, il s'affaiblira et finira par perdre confiance. La raison de la présence de points faibles dans une armure est qu'il faut toujours des ouvertures pour permettre une certaine flexibilité dans les mouvements du combattant. Continuez à rogner les angles et les forces de l'ennemi s'amenuiseront ; dès que vous aurez l'opportunité d'entrer pour tuer, frappez avec toute votre détermination. N'hésitez pas. Détruisez l'ennemi !

FAIRE NAÎTRE LA CONFUSION CHEZ L'ENNEMI

Pour faire naître la confusion chez l'ennemi, il vous suffit de l'obliger à concentrer constamment ses efforts sur autre chose que son attaque. À force de feintes et de frappes bien ordonnées, vous pouvez amener l'ennemi à penser qu'il peut prévoir d'où viendra la prochaine frappe. Pour faire naître la confusion chez lui, il faut l'empêcher de se concentrer sur son attaque, ce qui vous permettra d'entrer la coupe décisive. J'ai parlé de feintes et de frappes pour désorienter l'ennemi et le leurrer, c'est un point sur lequel je reviendrai encore et encore. Il est indispensable de contrôler l'ennemi pour que le pourfendre soit la chose la plus naturelle au monde. Vous devez comprendre maintenant ce que cela implique d'être un guerrier. Vous devez être prêt à tuer l'ennemi, quel qu'en soit le moyen. Vous devez vous entraîner sans relâche pour comprendre ces principes jusqu'à ce qu'ils deviennent pour vous une seconde nature. L'attitude du guerrier est très simple. Concentrez-vous sur votre objectif, ne cessez jamais de lutter pour atteindre la perfection et ne vous laissez pas égarer. Ne pensez qu'à vaincre. Vous devez vous attacher à votre idéal et étudier inlassablement, si vous ne voulez pas que la voie vous échappe.

LES TROIS CRIS FÉROCES

Il ne vous est donné que trois occasions de crier vigoureusement au cours du combat : avant, pendant, après. Il n'y a pas de différence entre hurler et crier, tant que le résultat est atteint, c'est-à-dire terroriser l'ennemi. Au début d'une bataille, vous devez crier pour déstabiliser l'ennemi. Pendant la bataille, vous devez pousser un cri chaque fois que vous portez une attaque pour renforcer votre détermination. Après avoir pourfendu l'ennemi, vous devez crier pour faire connaître votre volonté en tant que vainqueur et d'honorer « l'esprit de la chose même ». Vous devez toujours vous entraîner en poussant un cri puissant, qui allant de l'intérieur vers l'extérieur, résonne aussi fort et aussi vigoureusement que vous le pouvez. Il ne faut jamais crier avant ou après une technique spécifique, mais plutôt au moment de la frappe. Cela vous aidera à garder le rythme. Le cri et la frappe ne sont pas deux choses distinctes. Elles font partie de la même entité. Pensez-y. C'est extrêmement important de le comprendre. Lorsque vous respirez, concentrez-vous et inspirez avec le bas ventre pour développer une puissante source d'énergie, et ne retenez pas l'air lorsque vous criez, pour quelque raison que ce soit. Cela occasionnerait une tension intérieure qui nuirait à votre puissance. Par contre, ne criez pas sans raison ce qui tendrait à indiquer que vous ne contrôlez pas le pourquoi de vos cris. Vous devez toujours crier en lançant une attaque. Vous devez toujours crier lorsque vous esquivez une attaque avant de renverser la situation. Et vous devez toujours crier lors de la victoire, après avoir achevé l'ennemi, ce qui vous permettra de vous relâcher rapidement de la tension de la bataille.

BOUGER AVEC L'ENNEMI

Lorsque vous lancez une attaque, vous devez, en tout premier lieu, donner l'impression à votre adversaire que vous faites peu de cas de son esprit. Cette attitude est déterminante et doit être développée avec beaucoup de soin en s'entraînant sans relâche et en améliorant ses qualités techniques. Lorsque vous êtes capable d'adopter cette attitude, l'ennemi ne peut que se rendre à l'évidence, ce qui le conduit à hésiter en perdant toute confiance en lui. Dans les combats contre de nombreux adversaires, vous devez toujours donner l'impression d'attaquer et ne jamais montrer aucun signe de retraite, quelle que soit la situation dans laquelle vous vous trouvez. Malgré tout ce que l'ennemi peut entreprendre, vous ne devez jamais le laisser en repos. N'oubliez pas que les combats réels sont très rapides et demandent que vous agissiez et réagissiez sans avoir à réfléchir. Bouger avec l'ennemi signifie ne pas lui donner l'occasion de se reprendre lorsqu'il bat en retraite. Lorsque vous laissez à l'ennemi l'opportunité de se ressaisir, vous perdez le contrôle de la situation et vous lui donnez une occasion de vous vaincre.

BROYER LE CORPS ET L'ESPRIT DE L'ENNEMI

Broyer le corps et l'esprit de l'ennemi signifie l'humilier et le dégrader à l'instant où vous entrez pour le tuer. Votre volonté de détruire l'ennemi doit être intense et sincère. À quoi bon se battre si ce n'est pour tuer dans l'instant ? Toute hésitation est absurde et signe de vantardise. Ce qui conduit invariablement à la mort. Lorsque vous décelez une faille dans l'armure de l'ennemi, foncez et n'arrêtez votre attaque qu'après la mort de ce dernier. Dans le cas contraire, il risquerait de se reprendre et en récupérant ses esprits, de faire changer le cours des choses. Lorsque vous entrez pour tuer — tuez, sans merci. Votre mental doit être gigantesque. Pensez-y sérieusement.

LA LUNE ET LES ÉTOILES

La lune et les étoiles, tout en étant des corps célestes, sont des entités différentes. Le ciel est l'attaque et la lune et les étoiles sont les techniques de combat. Il ne faut pas songer une seconde à privilégier une technique plutôt qu'une autre. Vous attaquez d'une façon et la technique échoue. Vous essayez à nouveau et cela ne marche toujours pas. Changez ! Vous ne devez pas vous reposer uniquement sur une méthode particulière pour réussir un travail. L'ennemi peut connaître la technique et utiliser une riposte que vous ne saurez anticiper. Il serait absurde de poursuivre dans ce sens. Lorsque vous changez de technique au milieu d'un combat, vous vous donnez les moyens de tuer, car votre esprit n'est pas prisonnier de la forme.

ATTEINDRE LES ABÎMES

Atteindre les abîmes signifie vaincre l'ennemi dans son corps comme dans son esprit. Lorsque vous n'atteignez l'ennemi que superficiellement, il est encore capable de se ressaisir et de reprendre ses esprits, sa volonté de vous tuer se trouvant alors décuplée. Il peut s'avérer difficile parfois de continuer à attaquer quand l'ennemi n'est pas vaincu dans son corps et dans son esprit, mais c'est précisément à ce moment-là que vous devez atteindre les abîmes, le point où vous serez capable de le détruire totalement. En pénétrant vos propres abîmes, vous réussirez à atteindre les siens et ainsi vous pourrez le tuer proprement, en parfait accord avec votre dessein. Si vous laissez la possibilité à l'ennemi de se ressaisir, il attaquera à nouveau. Atteindre les abîmes de l'ennemi, c'est ôter à ce dernier la volonté de continuer le combat par de nouvelles tentatives. Toutes les attaques doivent être réalisées avec force détermination. Seules la pratique et la méditation permettent d'y parvenir lorsque l'on choisit la voie du guerrier.

RECOMMENCER

Dans la pratique, il faut considérer comme une possibilité le fait de ne parvenir à battre l'ennemi par aucun moyen. Cela peut arriver et cela arrive. Recommencer signifie que, face à l'impasse dans laquelle vous vous trouvez, malgré tous les efforts déployés pour tuer l'ennemi, vous abandonnez votre tactique pour adopter une autre stratégie, reprendre vos esprits et recommencer. Lorsque vous devez changer votre stratégie en cours de combat, vous devez le faire sans tarir le flot de la bataille. Afin de pouvoir modifier votre approche, vous devez étudier et pratiquer toutes les variations d'une même attaque. De cette manière, vous serez capable de changer en plein milieu du combat.

TÊTE DE SERPENT, QUEUE DE SERPENT

Il arrive parfois au cours d'un combat que les deux esprits s'embrouillent et que rien ne semble devoir fonctionner. Pensez à la stratégie comme étant à la fois la tête et la queue du serpent. Ne vous laissez pas empêtrer dans les petits détails du combat. Élargissez votre esprit et percevez l'immense comme le minuscule. Ne vous laissez pas enfermer dans une attitude étriquée. Cela vous serait fatal. Vous devez être capable de flexibilité à l'intérieur même de la structure que vous avez mise en place. Vous devez comprendre qu'il existe plus d'un chemin qui conduit au sommet de la montagne. Cependant, vous devez également être conscient qu'il est important de rester dans les limites du chemin que vous avez choisi d'emprunter. Alors seulement vous comprendrez précisément pourquoi il est nécessaire de connaître la stratégie des autres.

LES COMMANDANTS CONNAISSENT LES TROUPES ENNEMIES

Qui commande la bataille ? est-ce vous ou est-ce l'ennemi ? Que le commandant connaisse les troupes ennemies est un aspect déterminant de ma stratégie. Que ce soit dans un duel ou dans une bataille de grande envergure, vous devez connaître l'ennemi. Si le commandant sait quel esprit anime les troupes ennemies, il peut les contrôler pour vaincre sans attendre. Pour vaincre facilement, il faut garder les actions de l'ennemi sous contrôle. Si ce n'est pas le cas, c'est l'ennemi qui vous contrôle. Si aucun des deux belligérants ne perçoit la voie, le combat perd tout son sens, et le résultat n'est plus qu'une affaire de chance, le vainqueur étant également le vaincu, quelles que soient les conséquences physiques, prix de la bataille. Vous devez contrôler le combat en ayant l'esprit plus fort que celui de l'ennemi. Essayez de bien comprendre cet aspect de la stratégie pour le maîtriser.

RELÂCHER LES DEUX SAISIES

Ce qui peut être compris dans le fait de relâcher les deux saisies, c'est que le guerrier ne dépend que de lui-même pour vaincre l'ennemi. Il ne doit pas se reposer sur une arme, quelle qu'elle soit. Attitude et volonté peuvent souvent aider à gagner les batailles. Faites vôtre l'esprit de vaincre en ayant l'esprit de vaincre. Il n'est pas toujours nécessaire d'aller jusqu'à la confrontation physique pour gagner un combat. Quelques fois votre présence seule vous donne la victoire. Quelques fois, c'est en laissant l'ennemi deviner vos intentions que vous gagnez. Pensez-y sérieusement. Telle est l'essence de la stratégie.

LE CORPS ET L'ESPRIT DU ROC

Lorsque vous avez finalement compris la voie, vous pouvez prendre la forme que vous voulez. C'est presque comme si vous aviez acquis des pouvoirs surnaturels. Vous pouvez vous faire aussi léger que la plume, aussi fluide que l'eau, aussi résistant que le bois. Quelle que soit la forme que vous preniez, lorsque vous avez compris les principes de ma stratégie, vous ne pouvez être vaincu, que ce soit par un homme ou par dix mille hommes. Votre « attitude/non-attitude » ne peut être malmenée, si ce n'est de l'intérieur. Dès que vous aurez compris ma stratégie, vous serez un guerrier sur lequel il faudra compter.

RÉFLEXIONS SUR LE *LIVRE DU FEU*

Ce livre peut être considéré comme ouvrant le chemin de la compréhension spirituelle au guerrier qui souhaite sincèrement consacrer sa vie à la voie de la stratégie. J'ai dédié mon cœur et mon âme à la voie du guerrier depuis mon plus jeune âge. J'ai étudié sans relâche les moyens d'entraîner mes mains et mes yeux. Par une pratique constante, j'ai compris les fondements spirituels de ma voie de la stratégie.

Lorsque je regarde les hommes formés à d'autres écoles et que je les entends disserter de leurs théories, je peux dire qu'ils n'ont pas la moindre idée de ce qu'est ma voie de la stratégie. Ils préfèrent perfectionner leurs techniques et sont persuadés de pouvoir accomplir des miracles, sans jamais oser se confronter à la réalité. Ces hommes sont des fous. Ils essaient d'imposer les limites de leur compréhension aux non-initiés. Les hommes pratiquent de plus en plus souvent de cette manière et c'est la raison pour laquelle la voie perd progressivement tout son sens au risque de ne plus être accessible aux hommes, si ce n'est au travers de mes enseignements.

La seule chose qui importe dans la voie de la stratégie, c'est la volonté et la capacité de tuer l'ennemi en combat réel avec un sabre long. Si vous comprenez ce que je tente d'expliquer au

travers de ces pages, vous ne serez jamais battu par personne. Vous sortirez vainqueur de tous les combats.

Ainsi s'achève le *Livre du Feu.*

風

Le Livre du Vent

La stratégie impose que vous sachiez ce qui vous différencie des autres. Le *Livre du Vent* présente les particularités des autres écoles. Comparer une école à une autre, suppose qu'elles aient l'une et l'autre une existence à part entière. Chaque école présente des avantages et des inconvénients. Certaines écoles se reposent sur la force, d'autres s'intéressent uniquement à un ou deux types de techniques et d'autres enfin s'appuient sur un accroissement constant du nombre des techniques utilisées par le guerrier. Le principal objectif de mon école est de développer la voie pour qu'elle devienne l'expression de l'esprit, nonobstant la technique.

Je veux clarifier ce que peuvent être les avantages et les inconvénients des autres écoles. Mon école est différente. Il n'est pas question ici de tenues vestimentaires ni de la culture des bonsaïs, bien que ces choses aient également leur importance. Lorsqu'une école cherche avant tout à se garantir une clientèle en affichant les trophées gagnés en tournois (parmi d'autres choses), elle trompe l'élève quant à la réalité de la voie du guerrier. Cette école est essentiellement préoccupée de vendre sa marchandise au public en se servant du sabre long pour accumuler des richesses. Il ne s'agit absolument pas de la voie du guerrier. Vous devez en être bien conscient, si vous êtes décidé à développer votre esprit de manière correcte. « L'esprit de la chose même » se révolte contre cette façon de penser et « se » révèle de façon erronée au pratiquant qui croit que la vantardise est l'essence de la stratégie. Devenir un guerrier est le chemin le plus douloureux que vous puissiez choisir dans cette vie. Combattre n'a rien d'un jeu. Il n'y est question que de vie ou de mort. Il ne peut simplement pas en être autrement.

Il ne suffit pas d'insister uniquement sur la tenue du corps et sur la manière correcte de brandir les armes et l'esprit. Car, bien qu'il soit nécessaire de savoir user de son arme pour porter les techniques, ce n'est pas ce qui prédomine lorsqu'il est question de gagner des combats ayant la mort comme unique objet. L'esprit doit être aguerri, si ce n'est pas le cas, le manque de conscience du guerrier aura pour lui des conséquences tragiques.

Il est important de comprendre les raisons d'être et la philosophie des autres écoles pour vraiment tirer profit des enseignements de votre propre système. Je n'hésiterai pas un instant à attirer votre attention sur ce point. Sans éléments de comparaison, vous ne pouvez juger par vous-même, et il vous sera difficile de décider comment développer votre propre stratégie. Vous devez étudier la voie des autres pour renforcer votre compréhension de vous-même. Il est nécessaire de vous réévaluer en permanence.

LES ÉCOLES QUI UTILISENT UN SABRE TRÈS LONG

Ces écoles, parce qu'elles enseignent une méthode qui repose sur la distance entre les deux adversaires, ne permettent généralement pas de se rapprocher de l'ennemi. Leurs prôneurs semblent avoir peur d'entrer sur l'ennemi pour le tuer en une frappe. Ils pensent que la longueur de l'arme leur assure une complète sécurité au combat. Pourtant le supplément de longueur ne fait qu'entraver leur volonté. Et c'est cela même qui les affaiblit. Ils sont faibles, et s'ils leur arrivent de combattre contre l'un des adeptes de mon école, ils se voient invariablement acculés et vaincus.

Se battre à distance, sans pouvoir tirer avantage de la stratégie, interdit au guerrier de ne faire qu'un avec son être véritable. En se battant dans ces conditions, le corps et l'esprit sont séparés et le guerrier devient inefficace dans un combat à mort. Il est certainement intéressant d'avoir l'avantage de la distance et de la vitesse, mais sans comprendre la stratégie, le soi-disant avantage devient une arme pouvant se retourner contre vous. Si vous comprenez vraiment ce qu'implique la stratégie, vous n'aurez tout simplement pas besoin de ce type d'avantage. Vous ne devez pas dépendre uniquement de vos armes, bien qu'il soit indispensable de savoir les manières selon la nature de chacune, en exécutant les formes et les techniques qui leurs sont spécifiques. Votre détermination doit être totale et votre courage absolu. Vous devez entrer pour attaquer si vous voulez gagner le combat. Telle est la voie.

Un sabre court peut facilement prendre le dessus sur un sabre très long. Utiliser l'arme par elle-même et pour elle-même n'a absolument aucun sens si le guerrier ne sait pas faire usage de ses vertus. Rappelez-vous qu'il existe certains arts martiaux qui ont développé des techniques de défense à mains nues pouvant être utilisées face à un guerrier protégé d'une armure et brandissant un sabre. Lorsque ma stratégie est comprise, un guerrier sans arme peut battre un guerrier armé. Car, c'est en développant votre esprit que vous pourrez traverser la bataille pour en sortir victorieux.

Lorsqu'un guerrier utilise un sabre très long, il lui est difficile de s'approcher de l'ennemi pour attaquer subrepticement. De par le choix de son arme, l'homme est incapable de fonctionner correctement et risque souvent d'être vaincu sans pouvoir offrir de résistance. Cela ne signifie pas qu'il faut nier les vertus du sabre très long. Il peut y avoir un intérêt dans toute chose, même s'il n'est pas évident pour vous de prime abord.

Vous devez toujours être prêt à faire face à la situation en toutes circonstances et malgré l'état de votre équipement. Cela signifie que vous devez pouvoir affronter le sabre très long avec un sabre long, un sabre court et même sans sabre. Pour ma part, je préfère le sabre long. Il est important de connaître les différences entre toutes les armes et les lieux où elles peuvent être utilisées.

Et malgré cela, il ne faut pas exclure la possibilité de voir un guerrier armé d'un sabre très long mener un combat subtil dans un lieu totalement inapproprié. C'est une possibilité. Le fait de connaître les limites des autres, ne vous rend pas automatiquement supérieur. À circonstances égales, le vainqueur sera encore et toujours celui dont la volonté est la plus forte. Il est important pour le pratiquant qui emprunte la voie du guerrier de ne jamais fermer son esprit à la possibilité d'autres possibilités que celles qu'il envisage.

CE QU'IMPLIQUENT L'ESPRIT FORT DU SABRE ET L'ESPRIT FAIBLE DU SABRE DANS LES AUTRES ÉCOLES

Ce passage est l'un des plus importants du *Livre des Cinq Roues*. Il développe également l'un des concepts de la stratégie le plus difficile à comprendre et à maîtriser. La force ne vous appartient pas, pas plus que la vitesse. En vous obligeant à couper plus fort que nécessaire, vous risquez de perdre le contrôle de votre arme. Tenter de frapper excessivement vite peut également vous faire perdre l'équilibre. La stratégie est fondée sur la vivacité et non la vitesse, la puissance et non la force. Lors des entraînements, vous devez toujours essayer de frapper naturellement. Lorsque vous apprenez la technique, vous devez pratiquer naturellement. C'est la constance de votre pratique qui vous fera gagner au combat, que ce soit en duel ou sur un champ de bataille. Le véritable « esprit de la chose même » sait toujours exactement ce qu'il doit faire pour protéger le guerrier qui véhicule « son expression ». Qui se préoccupe de savoir si vous êtes vraiment fort ? Une personne que vous voulez impressionner ? Si vous continuez dans cette voie, vous perdrez le sens de la voie du guerrier, qui n'est jamais facile à atteindre de toute façon. Alors pourquoi vouloir vous mettre en danger par de la vantardise ? Vous n'avez qu'à vous assurer de tuer l'ennemi avant que ce soit lui qui vous tue. Telle est votre fonction. C'est la fonction « de la chose même » que de réaliser la technique en tenant compte de ce qui est réellement nécessaire pour détruire l'ennemi. Cette simple vérité est l'un des aspects de l'apprentissage de la voie du guerrier le plus difficile à appréhender. Absolument aucun engagement envers vous-même — un engagement absolu envers la voie.

Au combat, vous n'êtes pas là pour rivaliser de force et de vitesse. Vous êtes là pour la seule raison pour laquelle vous vous êtes engagé dans un combat — tuer l'ennemi. Prétendre à une supériorité de force ne fait que démontrer votre faiblesse technique. Cela prouve également que vous manquez de contrôle sur vous car vous dépendez de quelque chose extérieure à votre être véritable. Vos idées préconçues sur ce qu'il faut faire pour être « fort » n'ont rien à voir avec la voie du guerrier. C'est pour cette raison que les « vieux » maîtres sont capables de battre n'importe quel élève de leur école sans donner l'impression de faire le moindre effort. Ce qu'il faut retenir de tout ceci, c'est qu'il vous faut compter uniquement sur ce que recèle votre esprit et sur les compétences que vous avez acquises par une pratique constante, sans jamais chercher à impressionner quiconque au cours de l'entraînement.

La voie insiste sur le fait que vous devez savoir vous servir de la force de l'ennemi comme si elle était vôtre. La seule raison qui fait vivre le guerrier, c'est le combat ; et la seule raison pour laquelle le guerrier combat, c'est pour gagner. Sinon, à quoi servirait d'être un guerrier ? Il est plus facile d'égrener son chapelet.

LA SUPÉRIORITÉ DU SABRE LONG SUR LE SABRE COURT

Les guerriers dignes de ce nom n'ont pas de préférence entre le sabre long et le sabre court. Le sabre est utilisé pour pourfendre l'ennemi. Les guerriers peuvent utiliser n'importe quelle arme s'ils maîtrisent ma stratégie. Mais il faut bien comprendre qu'avec un sabre court vous devez attendre l'ouverture dans la garde de l'ennemi pour pouvoir attaquer. Ce n'est pas bon, car cela vous oblige à rester tout le temps en position défensive, ce qui n'est pas le véritable sens de ma stratégie. Vous attendez qu'une opportunité s'offre à vous pour prendre l'initiative. En utilisant un sabre court, vous êtes contraint d'entrer directement dans les défenses de l'ennemi et cela risque de vous mettre en danger, en particulier lorsqu'il y a plusieurs attaquants. Le sabre court vous oblige au contact avec l'ennemi. Être toujours sur la défensive tend à prouver que votre résolution n'est pas totale et que vous n'appréhendez pas parfaitement la voie du guerrier. Votre attitude devra toujours être celle d'entrer pour attaquer. Pour cela, il faut que vous soyez prêt tant physiquement que mentalement. Cela inclut une parfaite compréhension de vos armes. Esquiver en permanence un attaquant sans être résolu à le tuer est une grande perte de temps, d'effort et d'énergie. Vous devez vous en souvenir. Vous n'êtes pas là pour jouer et vous n'êtes pas là pour parader. Vous êtes là pour tuer l'ennemi ou autant d'ennemis que nécessaire. Si vous pratiquez constamment avec la volonté de tuer l'ennemi, vous n'aurez jamais besoin des méthodes proposées par les autres écoles.

Il est préférable de comprendre l'utilisation correcte du sabre long. Pour gagner un combat, il faut contrôler l'ennemi en se fiant autant à son arme qu'à son intelligence. Vous devez pourchasser l'ennemi et faire en sorte de le plonger dans la plus profonde confusion pour qu'il perde confiance. Vous devez vous tenir bien planté sur vos jambes, le corps droit. Vous devez vous rappeler ce que signifie étouffer l'ennemi avec un oreiller. Puis vous devez le tuer. Il n'y a rien d'autre à faire. La plupart de ceux qui tentent d'apprendre la stratégie n'arrivent pas à comprendre cela pour diverses raisons. Ils pensent que la voie de la stratégie consiste à contrer, esquiver ou courir. Ce n'est pas le cas.

C'est au début de votre pratique que votre professeur doit vous transmettre la sagesse. S'il ne le fait pas, c'est peut-être parce que ce n'est pas le bon professeur pour vous qui voulez résolument apprendre la voie de la stratégie. L'authentique guerrier reste inflexible dans sa volonté d'étudier son art.

Si vous n'avez jamais eu la chance de vous voir inculquer ce concept vital, considérez-vous chanceux qu'on vous le fasse découvrir aujourd'hui. C'est une chose terrible que la plupart des autres écoles ne comprennent pas ce qu'est réellement la voie du guerrier. De nombreux guerriers se sont retrouvés durement confrontés à la réalité en comprenant qu'ils n'étaient pas « guidés sur la voie » mais peut-être seulement « guidés vers la voie ».

LES ÉCOLES QUI ENSEIGNENT UN GRAND NOMBRE DE TECHNIQUES AU SABRE LONG

Les personnes intelligentes ne connaissent pas la tempérance en matière d'esprit. Il est très dangereux pour des esprits non encore formés de se voir démontrer des techniques sophistiquées, comme c'est le cas dans certaines écoles lorsqu'elles accueillent des néophytes. Elles essaient d'abuser les gens par des danses, des sauts ou des changements de mains. Cela n'a pas de sens et n'apporte rien à la réputation d'un guerrier. C'est à cause d'individus comme ceux-là que les gens ordinaires méprisent la mentalité des guerriers, car ils ne leur montrent pas la voie en ce qu'elle a d'authentique. Certains petits malins prétendent que personne ne peut les battre du fait de leur supériorité technique. Ils méprisent ceux qui proposent des méthodes différentes. Ils essaient d'obliger les autres à suivre leur voie. Certains professeurs pensent qu'en impressionnant les élèves avec leurs prouesses techniques, ils peuvent les amener à penser comme eux. C'est une méthode d'enseignement terrible et je méprise ceux qui en usent. Ils ne comprennent pas l'authentique voie du guerrier. Ils n'ont vraisemblablement pas l'expérience du combat réel et ne font que prétendre. Au plus fort de la bataille, « l'esprit de la chose même » révélera en quel mépris il tient ceux qui se conduisent de cette manière. Ils perdront la voie et l'issue du combat sera pour eux la défaite.

Il n'existe qu'une seule et unique façon de tuer l'ennemi. La voie consiste à tuer en pourfendant l'adversaire d'une coupe. Tuer en « coupant » n'est pas tuer en « frappant ». « Frapper » est tout sauf une manière de tuer pour le guerrier qui « coupe ». N'importe qui peut tuer un homme pour une raison ou pour une autre, et cela à n'importe quel moment. Il serait absurde de penser qu'un homme non entraîné est incapable de tuer. La voie du guerrier est de tuer, c'est sa façon de vivre et non une simple conséquence. La stratégie enseigne la manière appropriée de tuer correctement et sans hésitation. L'entraînement intensif que suit le guerrier lui enseigne cette simple leçon. Être reconnu comme un guerrier est une chose très importante. Elle ne doit pas être prise à la légère, en particulier par les autres guerriers, s'il s'agit encore une fois de guerriers authentiques et non de simples vantards se référant à une autre école ou à un autre système.

La pratique de l'art du guerrier requiert de vous une totale dévotion. Vous devez accepter la nécessité de la frustration à l'entraînement. Peu d'entre vous semblent le comprendre, à leur plus grand désavantage.

Vous devez absolument croire en ce que vous entreprenez et vous devez pratiquer avec la ferme intention d'y consacrer toute votre vie, si « l'esprit de la chose même » vous l'impose. La raison pour laquelle les véritables guerriers sont des hommes féroces, est que leur entraînement est féroce. Réfléchissez à tout ceci encore et encore.

Quoi qu'il en soit, vous devez vous attacher à préserver la forme et l'équilibre à l'entraînement, mais surtout dès lors qu'il ne s'agit plus d'entraînement. Continuez à respecter les autres et à respecter la voie que vous avez choisie. Il serait anormal qu'il en soit autrement. Dans la voie, gardez une attitude non équivoque et laissez la voie vous habiter aussi longtemps qu'elle pourra s'appuyer sur votre propre détermination. La méthode consiste à entrer tout droit et c'est vraisemblablement ce qui est le plus difficile à réaliser. C'est pourquoi vous ne devez jamais cesser de vous entraîner, en écartant de vous l'idée que le sabre puisse être un moyen original de passer le temps. Vous pouvez, bien sûr, si vous le souhaitez, considérer votre quête de la perfection comme un simple passe-temps. Cependant, ce n'est pas la vraie voie.

POSTURES ET ATTITUDES INCORRECTES CHEZ LE GUERRIER

Ne vous campez pas dans des postures absurdes. En l'absence d'ennemis, ces attitudes incongrues peuvent donner le change, mais, en situations réelles, vous risquez de vous faire tuer sans autre forme de procès. Un véritable guerrier ne se promène pas en criant à la ronde qu'il est un grand guerrier. Il laisse ses actions répondre aux interrogations des autres. Mon idée d'une attitude correcte est fondée sur le principe de la voie qui veut qu'elle ne soit pas perçue de l'ennemi. Certaines attitudes, d'une vulgarité criarde, se résument à porter des armures fantaisies ou des armes gravées sur le champ de bataille. Elles ne sont bien souvent que de stupides tentatives pour faire perdre contenance à l'ennemi. Elles ne peuvent impressionner que le néophyte ou l'irrésolu. L'attitude du guerrier consiste à prendre l'avantage pendant le combat pour gagner à tout prix. Cette leçon, bien que basique, est très importante.

Il est indispensable de percevoir ce que cache l'attitude de l'ennemi, que vous la considériez correcte ou non. Vous ne devez pas perdre votre temps à juger inutilement le comportement de l'ennemi. Ce que vous devez faire, c'est tirer avantage de ses travers pour le confondre et lui faire perdre son arrogance. Cela peut être votre façon de l'effrayer pour l'obliger à agir comme vous le souhaitez. Il est stupide de vouloir prouver que votre attitude est meilleure que la sienne. Il s'agit ni plus ni moins d'une autre forme de vantardise, qui cache votre hésitation à entrer pour tuer, ce pour quoi vous êtes là en tout premier lieu. Lors d'une bataille, le premier objectif du guerrier doit être de contrôler la situation. C'est pourquoi, il lui est nécessaire de pratiquer sans relâche pour atteindre l'état de conscience qui lui permettra de ne jamais se départir de son assurance.

Le guerrier, pour suivre la voie, doit pouvoir appréhender toutes les conditions préalables au combat qui s'engage. De cette manière, il peut même ne pas avoir à combattre, car, il s'appuie sur une intelligence supérieure, fondée sur la perception et l'intuition. Il est possible de gagner un combat sans devoir combattre. Vous devez le comprendre.

Bien contrer une attaque, même lorsque vous êtes plus fort physiquement, n'est pas une attitude de guerrier. Essayez de comprendre. Si vous attendez l'attaque pour vous défendre et que vous choisissez de combiner une parade à la riposte, vous faites plus d'efforts que nécessaires. De plus, vous prenez le risque d'échouer. Si vous approchez l'ennemi en adoptant l'attitude de celui qui veut en découdre sans plus attendre et avec une totale détermination, vous aurez toutes les chances d'en finir dans les plus brefs délais. Lorsque vous entrez une attaque avec la ferme intention de détruire l'ennemi, vous n'avez pas à vous « inquiéter » d'être blessé à votre tour, et vous ne le serez pas. « L'esprit de la chose même » vous porte vers la victoire au terme du combat. Lorsque vous contre-attaquez après que l'ennemi vous ait porté une attaque, vous lui permettez de contrôler votre cadence et votre rythme. Malgré toutes vos qualités de combattant, vous êtes sur la défensive. Vous ne devez chercher à être ni offensif, ni défensif. Avec ces idées en tête, votre esprit perd son niveau de conscience et vous risquez d'être tué au combat. Je vous conseille de bien comprendre cet aspect de ma stratégie, si vous choisissez la voie du guerrier.

DE L'IMPORTANCE DU REGARD DANS CERTAINES ÉCOLES

Certains professeurs préconisent que vous regardiez toujours l'arme de l'ennemi, d'autres ses yeux et d'autres encore ses pieds. Ce n'est pas une bonne idée car cela fixe votre esprit sur un point particulier, facilement décelable par le guerrier expérimenté. Cela limite également votre capacité d'adaptation en fonction des circonstances. Cela ôte toute spontanéité à vos actions et affaiblit votre détermination. Si le footballeur ne regarde que le ballon, comment peut-il espérer couvrir tout le terrain pour aller au but ? Si le grand musicien ne s'attache qu'à la partition, note après note, comment pourra-t-il jouer avec « l'âme » qui donnera son sens à la musique. Il en va de même pour le guerrier qui ne doit pas fixer une partie de l'ennemi. Cela serait alors trop facile pour ce dernier de le tromper et d'interférer avec son rythme et sa cadence. Il faut privilégier une vue d'ensemble.

Vos yeux ne doivent rien fixer. Votre regard doit rester dans le vague. Lorsque je combats un autre homme, mon regard le traverse et je ne pense qu'à porter mon attaque. Je n'ai aucune idée préconçue quant à la cible à atteindre en priorité. Je laisse faire la nature, ce qui permet à « l'esprit de la chose même » de « s'exprimer » à travers moi pour me permettre d'être victorieux. Et je n'oublie jamais d'exprimer ma reconnaissance à « l'esprit » après avoir gagné un combat. Telle est la vraie voie du guerrier.

Avec l'expérience, vous arriverez très vite à percevoir la force et la vitesse de l'ennemi. Cela vous permettra d'anticiper sur ses intentions et de connaître ses capacités. Laissez votre regard traverser l'ennemi, vous pénétrerez son cœur, vous vous abîmerez au plus profond de son être et votre esprit lui fera perdre toute confiance. C'est ce sur quoi vous devez vous concentrer. « L'esprit de la chose même » guidera vos mains et vous aidera à vaincre l'ennemi au combat.

Attachez-vous toujours à avoir une vue d'ensemble de la situation pendant le combat, comme avant. Ne vous perdez pas sur les détails. Concentrez-vous sur une seule chose, tuer l'ennemi. De cette manière, votre esprit continuera de grandir et vous serez toujours conscient de votre environnement, capable de vous adapter à toutes les situations. Si vous ne regardez qu'une voiture en traversant la rue, vous êtes à la merci des voitures venant en face. Vous vous êtes concentré sur un détail sans considérer l'ensemble. C'est la même chose au combat. Si vous ne cessez de regarder les pieds de l'adversaire, il lui sera facile de vous porter un coup de poing. Si vous vous focalisez sur ses poings, le coup viendra des pieds. Si vous fixez ses yeux, il pourra facilement vous tromper en vous faisant croire à une attaque alors qu'il en choisit une autre. Il faut toujours regarder plus loin que la montagne. De cette façon vous percevrez l'ensemble et vous serez capable de vaincre, si vous y êtes résolu.

DE L'ABSURDITÉ DE CERTAINS DÉPLACEMENTS DE PIEDS

N'essayez pas de jouer les malins avec vos pieds. De nombreux déplacements de pieds ne sont pour moi qu'une simple perte de temps, car leur unique objet est d'attirer votre attention pour vous dérouter. De la même manière, lorsque vous traînez les pieds ou que vous sautillez de côté (ou tout autre déplacement inutile), vous perdez l'avantage face à un combattant expérimenté. De plus, il ne s'agit nullement ici de danse. Vous êtes ici pour tuer l'ennemi. Encore une fois, il est important de souligner qu'il ne faut pas se reposer sur une « marche » ou un « déplacement » spécifique. Comme toujours, les différents types de déplacements ne sont que le reflet de ceux qui les pratiquent et soulignent l'esprit dans lequel ils sont utilisés. Par exemple, un déplacement sautillant annonce un esprit sautillant, ne pensez-vous pas ?

Lorsque j'entre sur l'ennemi, j'entre avec détermination et d'un pas assuré. Je marche aussi naturellement que si je marchais dans la rue. Je ne fais aucune différence entre entrer pour attaquer et entrer dans une maison.

Ma stratégie n'autorise aucun changement d'attitude, quel que soit le sol foulé au cours de la bataille. En ayant le pied assuré, je peux éviter la plupart des obstacles qui se présentent sous mes pieds. De cette façon, je ne perds pas le rythme. Lorsque je change de rythme, c'est que je m'adapte au rythme de l'ennemi et lorsque je ralentis ou que j'accélère, c'est pour me rapprocher de lui, entrer et le tuer.

Pourquoi voudriez-vous changer votre façon d'être face à la vie simplement parce que des événements inattendus se produisent ? Si vous prenez le temps de changer votre méthode en plein milieu du combat, il faudra du temps à votre esprit pour s'adapter malgré la vitesse de votre déplacement. Pour finir, vous serez obligé de revenir à votre état habituel. Aussi pourquoi y renoncer en tout premier lieu ?

Vous devez garder un rythme naturel et une cadence naturelle. Tout ce que vous ajouterez ou que vous retirerez au naturel de vos actions vous fera perdre l'avantage dès que vous voudrez entrer pour tuer l'ennemi. Vous déplacer de manière naturelle vous donnera la possibilité d'accélérer ou de ralentir pour suivre l'ennemi avec plus de stabilité dans votre attitude. Votre esprit restera intact et vous serez capable de vaincre l'ennemi.

QUE PENSER DE LA VITESSE ?

Certaines écoles pensent que la vitesse suffit pour vaincre au combat. Si vous pouvez porter une coupe rapide et gagner, tant mieux pour vous. Je ne suis pas d'accord avec cette idée et reste convaincu au contraire que la vitesse vous ralentit. Vous vous reposez à nouveau sur une contingence extérieure. Cependant, qu'entend-on par vitesse ? La vitesse dépend de la situation dans laquelle vous vous trouvez. Être rapide ou être lent, c'est toujours de la vitesse. De vivacité, c'est ce dont votre esprit a besoin. Un esprit vif peut vaincre la vitesse apparente d'une attaque, quelle qu'elle soit. La vivacité prévaut sur la vitesse et vous permet de contrôler la situation en tuant l'ennemi. Lorsque vous avancez, vous avancez prestement et entrez dans l'instant. Votre vitesse est fonction de celle de l'ennemi. Vous vous réglez dessus et ne pensez pas à être plus lent ou plus rapide. La vivacité est la seule chose importante. De plus, si vous avez pris l'habitude de vous déplacer vite, vous n'aurez pas le temps de tenir votre équilibre et votre cadence. La fatigue vous fera perdre le rythme et vous serez obligé de ralentir sans même vous en rendre compte.

Lorsque vous êtes compétent dans l'art que vous étudiez, vous êtes amené à comprendre que le rythme et la cadence sont absolument nécessaires pour acquérir une parfaite maîtrise. La perfection ne peut être basée que sur le calme absolu de l'âme et tout ce qui pourrait être tenté pour y apporter des changements, sans raison valable, ne ferait que détruire l'harmonie de votre attitude. Déplacez-vous naturellement et avec grâce. Exécutez vos techniques de manière correcte. Pensez-y.

L'esprit repose sur la vivacité. La vitesse, qui n'est pas toujours adaptée, ne peut que vous faire perdre le contrôle de la situation. Si vous vous déplacez trop vite ou trop lentement, vous risquez d'offrir à l'ennemi l'occasion de vous vaincre. Déplacez-vous toujours naturellement et avec calme, mais soyez totalement résolu à tuer l'ennemi.

Dans une bataille impliquant de nombreux combattants, chacun se déplace à son rythme et avec sa propre cadence. Il est essentiel de ne pas se laisser influencer par les autres si vous voulez vaincre à chaque combat. L'entraînement devrait vous permettre d'acquérir cette capacité. Lorsque vous restez concentré sur vous-même et que vous ne portez pas attention aux autres, vous pouvez contrôler la situation et contrôler l'ennemi en percevant les mouvements qu'il fait pour préparer son attaque ou rester sur la défensive. Il est indispensable de garder son calme pour ne pas perdre de vue le principal objectif du combat, tuer l'ennemi sans délai.

PROFONDEUR ET SUPERFICIALITÉ DANS LES AUTRES ÉCOLES

Ce qui fait la différence entre la victoire d'un guerrier au combat et la performance exceptionnelle d'un artiste, est que l'art pour s'accomplir n'appelle pas la mort du danseur à la fin du ballet ni celle du musicien au terme du concert, tandis que l'issue d'un combat ne peut être que la mort de l'ennemi ou la vôtre.

Je n'aime pas parler d'attitude profonde ou d'attitude superficielle. Cela se fait au détriment de la perception de la vraie nature de l'univers, l'unicité. Pourquoi vous encombrer de définitions sur ce que vous pensez de l'action de « l'esprit de la chose même » ?

Lorsque j'enseigne aux débutants, je me contente d'expliquer les techniques et ne fais que rarement état de principes plus profonds. Ils ne sont pas indispensables et les exercices intellectuels limitent la progression des élèves. Ce n'est que plus tard, lorsqu'ils auront compris que le combat n'est pas un simple exercice intellectuel (bien que l'esthétisme nécessaire à l'exécution de techniques spécifiques requiert un esprit fort et intelligent), que j'entrerai dans le sens profond des choses.

Si vous commencez à vous préoccuper d'une attitude « profonde » ou « superficielle », vous ne ferez que perturber votre rythme et votre cadence. Il est préférable de se concentrer uniquement sur le fait de tuer l'ennemi et sur votre volonté d'atteindre la perfection, tant dans votre âme que dans votre technique.

QUELQUES MOTS DE CONCLUSION SUR LE *LIVRE DU VENT*

Il n'est pas judicieux de critiquer la voie choisie par les autres. Chaque homme a des raisons de choisir un chemin qui lui est propre. Posez une question à quelqu'un, il vous répondra. Posez la même question à quelqu'un d'autre, il vous donnera une réponse différente. Il est inutile de s'intéresser aux doctrines d'une autre école si vous n'avez pas achevé l'étude des enseignements de l'école à laquelle vous êtes attaché. Au commencement, vous cherchez un professeur. Puis, vous prenez progressivement conscience de la réalité de ce que vous étudiez. Lorsque vous ressentez un manque ou que vous cessez d'apprendre quelque chose de nouveau, vous devez prendre sur vous et chercher un autre niveau d'instruction. Il n'y a rien de tel que le yin-yang. Cela ne signifie pas que le yin-yang n'existe pas.

Ainsi s'achève le *Livre du Vent*.

空

Le Livre du Ciel

Ma voie de la stratégie s'éclaire dans le *Livre du Ciel.* L'espace est un vide qui n'est rien et que l'homme ne peut concevoir. Il existe et a une réalité, mais en même temps il n'est pas. Vous ne connaissez que ce qui pour vous peut être un objet de connaissance. Si vous ne connaissez pas une réalité, c'est qu'elle n'est pas accessible à votre entendement. Le vide en tant que tel, ne peut faire l'objet ni d'une connaissance vraie, ni d'une connaissance fausse.

Les hommes ont la fâcheuse habitude d'interpréter leurs erreurs de perception et leur incompréhension comme le signe qu'ils ont atteint la connaissance du vide. C'est une manière de penser incorrecte. Considérer que les hommes, qui étudient la stratégie sans comprendre ce qu'est le vide, ne comprennent pas leur art, est également incorrect. Tout se révèle aux hommes lorsqu'ils désirent que cela leur soit révélé, et sous la perspective qui leur est propre.

Si vous souhaitez comprendre ma stratégie, vous devez étudier autant d'arts martiaux que vous pouvez et ne jamais dévier de votre route. Votre pratique quotidienne, sous l'effet de l'accumulation, vous révélera peut-être que le vide, dans ce qu'il a de réel, est « l'esprit de la chose même ». Lorsque vous percevez clairement l'univers en relation avec votre art et votre art en relation avec l'univers, vous comprenez ce qu'est le vide. Ce concept peut sembler difficile à appréhender, mais il est très simple. Ne présumez de rien et ne vous attachez pas aux biens de ce monde. De cette manière vous comprendrez ma stratégie.

Malgré toute l'énergie que vous mettez à étudier, si vous ne faites pas un avec l'art que vous vous êtes choisi, vous ne pourrez jamais faire un avec l'univers et « l'esprit de la chose même » vous échappera définitivement. Les choses ne sembleront jamais être ce qu'elles sont en réalité. Mais vous devez aussi regarder les choses sans vous y attacher, vous comprendrez alors bientôt quelle est votre place. Le travail est plus important que celui qui l'accomplit. Lorsque vous commencez à percevoir les choses dans une perspective plus ouverte, en considérant le vide comme une vérité, vous comprenez que la vérité n'est rien.

L'univers est empli de vertu, mais il ne faut pas comprendre cela en termes de bien et de mal. La sagesse existe, les principes existent et la voie du guerrier existe, mais l'esprit est néant.

En me fondant sur ce que je comprends de la voie du guerrier et ce que je comprends de l'univers, j'ai voulu que le *Livre du Ciel* devienne l'expression d'une seule et unique idée.

Laissez-moi me répéter une fois encore. La voie du guerrier est fondée sur l'idée du vide, de la non-chose. Le vide ne doit pas être perçu comme une « chose », car cela signifierait qu'il est conçu comme quelque chose et il ne pourrait alors être rien. Le terme zen pour « vide » qui permet le mieux de définir la « non-chose » est « *mu* » (無). Comprendre « *mu* », c'est comprendre le vide. Il est important de faire attention aux définitions intellectuelles à ce niveau. Le but en est clair, et je l'explique comme j'expliquerais quelque chose d'autre. Même sans vous appuyer sur la connaissance du *Livre des Cinq Roues*, vous êtes à même de comprendre que rien à part vous ne peut vous aider à devenir meilleur, plus fort, plus riche, plus rapide ou plus efficace. Tout est dans tout. Tout existe. Ne cherchez rien qui n'existe déjà en vous.

Si vous comprenez ce qui existe, alors vous comprendrez ce qui n'existe pas. C'est en comprenant ce qui existe que vous parviendrez à comprendre le vide. Cela signifie que bien qu'il soit impossible de connaître ce qui n'existe pas, il est possible de savoir que si « quelque chose est quelque chose, alors tout est tout ». Dans la voie du guerrier, la pensée n'existe pas (il s'agit ici de la pensée qui n'est pas la capacité intellectuelle qui vous permettra de comprendre ce concept). Dire que l'esprit est néant signifie qu'il ne faut se reposer sur rien d'extérieur à votre propre esprit.

Les maîtres zen se servent de petits contes pour dérouter leurs élèves. On les appelle koans. Leur présentation est volontairement saugrenue, mais lorsque l'élève comprend ce qu'est le vide alors il comprend le sens des koans.

Je pourrais continuer encore et encore et essayer d'expliquer ce qu'est le vide, mais ce serait exactement faire ce qu'il ne faut pas faire.

L'approche zen en la matière suggère que vous arrêtiez toute conceptualisation intellectuelle. Arrêtez de vous demander si ce que vous ressentez est bien ou mal. Très franchement, puisque l'univers n'est que vide (*mu*) pourquoi s'entêter à atteindre la perfection ? La perfection est ici et maintenant et lorsque vous parvenez à le comprendre, ma voie de la stratégie et la voie du guerrier vous deviennent compréhensibles et vous les réalisez à chaque fois que vous pouvez oublier ce qu'elles impliquent, pour juste incarner « la voie ». Voici encore la meilleure façon de le dire et la plus simple : Tout simplement soyez !

VOUS êtes l'Esprit de la Chose Même !

Ainsi s'achèvent le *Livre du Ciel* et le *Livre des Cinq Roues*.

Vous pouvez obtenir notre catalogue
par courrier en écrivant à :
Budo Éditions
Les Éditions de l'Éveil
F-77123 Noisy-sur-École

ou en visitant notre site internet :
www.budo.fr

Correspondance électronique :
info@budo.fr

Éditeur :
Budo Éditions
F-77123 Noisy-sur-École, France

Imprimeur :
Nouvelle Imprimerie Laballery
F-58500 Clamecy, France
N° d'impression : 001042

Dépôt légal : juin 2000